毛线球 47
keitodama

静美与绚烂交织的秋韵毛衫

日本宝库社 编著　蒋幼幼 如鱼得水 译

河南科学技术出版社
·郑州·

keitodama

目　录

中国台湾
编织界吹起新风

上/复古风情的店铺
下/婷自己编织的样品

在台北一条怀旧风情的街上，有一家时尚的毛线店"织物学–Ting Knitting"。

商店的天花板很高，视野开阔的店内摆放着古董家具，打造出舒适的空间。喜欢染线的店主婷（Ting）原来是一名系统工程师，小时候就对编织有所了解，长大后为了编织礼物而重新拾起了针线。这是她与编织"命中注定的重逢"，之后开始参加世界各地的编织活动，访问毛线店，终于在2019年于台北开店。

在充满了婷个人的品味和审美意识的美丽店铺内，最吸引人眼球的是手染线的角落。开店之初，经营品牌的选择一度出现失误，婷还曾经为此烦恼。不过，基于一心想把手染线独有的魅力，以及背后的故事传达给编织者的想法，最终她筛选出了自己喜欢的品牌。

台湾地区的编织圈以日式的编织图解为主流，近年来英语模式也很受欢迎。用五彩缤纷的手染线和其他素材，编织什么，怎么编，寻求建议的回头客也很多。

非常有品位的古董家具和毛线

随着疫情的结束，也能看到来自欧美国家和泰国、新加坡、马来西亚、韩国、日本等亚洲国家的客人。希望能成为这些客人考虑"在台湾买毛线"时最先浮现在脑海中的店——婷的视野是全球化的。几年前，在爱丁堡的毛线节上，婷深为本是竞争对手的毛线店互相帮助的情景所感动，于是克服新冠疫情局面下的种种困难，与朋友共同举办了迷你版台湾毛线节。

向台湾的编织爱好者传递新的编织乐趣的毛线店"织物学–Ting Knitting"，在编织界吹起一阵"台风"，非常引人注目。

撰稿/伊藤麻美（Chappy Yarn）

德国
世界手工艺现状·欧洲篇

上/在Prym品牌展位上，挪威的安和卡洛斯正在接受采访
下/会场大门的招牌

摆脱始于2019年的新冠疫情，现在在欧洲人们已经恢复了以前的日常生活。2023年，从3月31日到4月2日的3天内，欧洲最大的手工艺展览会"h+h cologne"在德国科隆举行。"h+h"是handarbeit（手工艺品）和hobby（业余爱好）的意思。

欧洲自不必说，从美国、亚洲、大洋洲地区也来了很多手工艺爱好者，享受着久违的盛会。德国是欧洲屈指可数的手工艺王国。在这个展会上，蕾丝编织、刺绣、针织、毛毡等的欧洲手工艺制造商都参展了，部分亚洲制造商也参展了。其中最引人注目的是德国手工艺工具"Prym"品牌的展位。这个在日本还未为大众所知的制造商，实际上是世界上著名的手工艺品牌商，其商品出类拔萃。另外，还有DMC、addi、Gütermann、Mettlar等在日本也广为人知的品牌，以及很多大众还不太熟悉的品牌参加了展会。观众还可以体验新发布的产品，每个人都尽兴而归。

在"h+h cologne"手工展上展出的那些尚未被日本民众所知的品牌，将来可能会有一些进入日本市场并广受青睐。很期待哟！

撰稿/大塚毅人

右/Prym展位上的展品
右下/正在体验新品的观众，现场非常热闹
下/编织爱好者完成的织物把汽车装饰得很可爱

Die Mercerie 研发的卷尺

德国

人气手工艺商店 Die Mercerie 创立10周年

绿意盎然的法国乡村风情商店的入口

Die Mercerie是位于德国第三大城市慕尼黑中心的人气手工艺商店，从慕尼黑中央车站乘坐地铁只需3分钟，再步行1分钟就到了街角的商店。商店地理位置便利，店内氛围悠闲。店内有来自美国、瑞士、意大利、法国、丹麦、日本等国的30余个品牌的优质毛线，还有来自英国的刺绣用品以及其他手工艺商品。它们都陈列在原产于比利时的古董家具中，彰显着店长尼古拉·萨拜恩女士的优雅品味。另外，为了可持续发展的未来而提供环保的商品，大多羊毛供应商以手工作业维持生产，经营着使用传统手工染线技法的小型家庭工厂。

店内也提供咖啡甜品，可以一边喝着咖啡、吃着点心，一边编织，交流想法——在这种优雅的宽敞空间里应该能获取更多手作的灵感吧。这个法国乡村风情的商店，是修复重建于1902年的马车小屋而创立的。

商店里面温馨的茶座。可以喝咖啡，吃点心

这里经常举办面向初学者到精通者的编织、刺绣讲座以及知名设计师讲习会。2023年3月，在开店10周年之际，这里举办了"使用10种颜色编织从领口开始的毛衣"的讲习会。

这个充满魅力的Die Mercerie，不仅吸引了德国国内的手工艺爱好者，也吸引了海外的客人来访，是交流和相遇的场所。店长萨拜恩女士说："编织物不仅仅是线与线的连接，它还融入了颜色和各种各样的素材，可以让我们沉浸在充满无限可能的世界里。"给手工艺品注入新的灵感，紧密结合当下的流行趋势，Die Mercerie仿佛一座宝藏，今后也会有很多人访问，来发现世界的多样性吧。

撰稿/弗莱格尔章子
地址：慕尼黑宁芬堡大街96号，80636

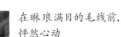

在琳琅满目的毛线前，怦然心动

右/举办编织讲座和讲习会的活动场地
右下/充满自然风情和时尚感的 Die Mercerie。编织涂鸦的自行车很吸引眼球
下/店长尼古拉·萨拜恩女士

根西毛衣

品味实用之美

Guernsey Knit

英吉利海峡群岛中有一座根西岛,渔夫毛衣(又名根西毛衣)就起源于这里。

将简单的上针和下针组合在一起,就可以形成精美的编织花样,不仅编织方法简单,穿脱也很方便,毛衣版型甚是合理。

在英国东海岸沿线的海滨小镇上,基于实用性发展起来的渔夫毛衣,体现了编织的实用之美。

photograph Shigeki Nakashima styling Kuniko Okabe,Yuumi Sano hair&make-up Hitoshi Sakaguchi model Anna(173cm),Henri(180cm)

等针直编的藏青色毛衣

藏青色是根西毛衣的经典颜色，使用能让编织花样的呈现效果颇佳的5股羊毛线编织，既耐穿又舒服。编织肩部时，一边将等针直编的前、后身片连在一起一边做编织花样，这种设计也独具匠心。

设计 / 风工房
编织方法 / 96 页
使用线 / Frangipani 5ply Guernsey Wool

花样优美的套头毛衣

这款使用带着褪色感觉的灰绿色线编织的花样优美的套头毛衣，是使用英国原产的正宗根西毛线编织而成的。海峡群岛特有的起针方法、环形编织的身片、设计新颖的腋下和胁部、衣领侧边的开口以及基于传统而设计的大片编织花样，都给这款毛衣增添了新意。

设计/河合真弓
制作/冲田喜美子
编织方法/94页
使用线/Frangipani 5ply Guernsey Wool

都市风情的浪漫
套头衫

使用令人沉醉的酒红色线，编织具有都市风情的浪漫套头衫。上针和下针组成的编织花样，低调却不失存在感。含有英国羊毛的线材，有着恰到好处的粗细，而且织出来的成衣手感轻薄柔软，有着自然的垂感。

设计/柴田 淳
编织方法/98页
使用线/钻石线

不挑年龄的宽松毛衣

遵循前、后身片连在一起环形编织的传统的同时，设计了宽松的版型，穿脱更加灵活。使用经典的灰色线编织，不挑年龄，非常耐穿。

设计 /YOSHIKO HYODO
制作 / 仓田静香
编织方法 /92 页
使用线 / 钻石线

麻花花样的原白色毛衣

仿照渔夫常用的缆绳设计的麻花花样，也是根西毛衣的经典花样。和阶梯花样组合，设计成具有古典之美的修身款式。身片环形编织，注意腋下和胁部的针法。衣领侧边设计纽扣进行开合，方便穿脱。

设计／原田卡珊德拉
制作／杉浦幸惠
编织方法／100页
使用线／手织屋

人字形花样的马甲和围脖

根西毛衣以前是渔夫出海捕鱼时穿着的，因此育克以下通常没有编织花样。但这款马甲将育克的人字形花样中的上针和下针进行翻转，设计成纵向花样运用在了身片上。再搭配一个配套的围脖，可以形成类似高领毛衣的感觉。

设计/笠间 绫
编织方法/91页
使用线/手织屋

连续花样的套头毛衣

这款套头毛衣主要使用了简单优美的连续花样。下摆使用了海峡群岛特有的起针方法，不仅增加了装饰性，还更加耐穿。

设计 / 武田敦子
制作 / 松野香织
编织方法 / 104页
使用线 / Ski毛线

秋意浓浓的开襟毛衣

开襟毛衣方便穿脱，使用秋天的经典色彩编织，加入镂空花样更增添了几分精致。育克的编织花样和落肩袖的设计都带着根西毛衣的影子。传统却又不失时尚感，非常令人着迷。

设计/岸 睦子
编织方法/102页
使用线/Ski毛线

百搭的马甲和帽子

马甲可以说是渔夫毛衣中的经典款式了。根据搭配不同，可以反复穿着。既可以套在连衣裙外面，也可以搭配休闲的外套。只有肩部需要缝合的马甲，编织起来很轻松。再编织一顶配套的帽子，就更完美了。

设计／津曲健仁　编织方法／107页
使用线／内藤商事

组合花样的长款开衫

这是一款令人眼前一亮的长款开衫。身片上设计了大大的锯齿花样和棋盘格花样，衣袖使用了小小的菱形花样，并在中线设计了麻花花样。胁部从三角形的腋下开始编织，加上细微的变化，令编织过程一点儿也不枯燥。

设计/伊藤直孝
编织方法/105页
使用线/内藤商事

小翻领经典款
根西毛衣

这是一款充满静谧之美的毛衣。经典的款式和颜色，百搭且不会过时。即使编织花样繁复，也不会给人花哨的感觉，穿起来非常大方得体，或许这就是根西毛衣的魅力之 。

设计/镰田惠美子
制作/饭塚静代
编织方法/110页
使用线/奥林巴斯

拼布风情的套头毛衣

像拼布艺术那样将多种根西花样组合在一起，让普通的毛衣变得充满高级感。稍短的身片，搭配稍长的袖子，很符合当下的流行趋势。一边享受上针和下针的奇妙组合，一边编织这款充满时尚感的毛衣吧。

设计 / 冈本真希子
编织方法 /112 页
使用线 / 奥林巴斯

第28回

野口光的织补缝大改造

织补缝是一种修复衣物的技法，在不断发展、完善中。

野口 光

创立"hikaru noguchi"品牌的编织设计师。非常喜欢织补缝，还为此专门设计了独特的蘑菇形工具。处女作《妙手生花：野口光的神奇衣物织补术》中文简体版已由河南科学技术出版社引进出版，正在热销中。第2本书《修补之书》由日本宝库社出版。

【本期话题】

修复花艺师的工作服

织补前

工作服上有多处破损

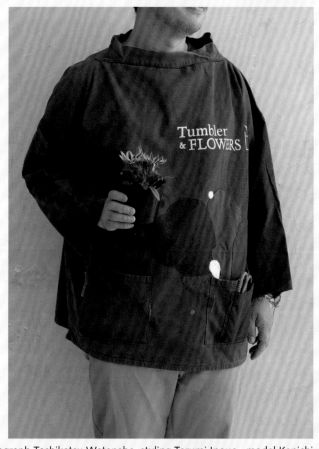

photograph Toshikatsu Watanabe styling Terumi Inoue model Kenichi
instagram :@tumblerandflowers

本期使用的织补工具

本次修复的是花艺师渡来徹的工作服。渡来先生是从图书编辑转行的花艺师。对于不懂花艺的我来说，与其说他手下的插花看起来何等优美，不如说他设计的插花让人仿佛能听到小鸟的啼叫和风声。渡来先生的工作服是独家定制的，在常见的工作服上自己用丝网漏印的方式印上了品牌标志。

他经常去镰仓深山的花艺基地进行采摘，因此衣服也经常会被花枝和修剪工具蹭到而伤痕累累。在我询问渡来先生的修补要求时，他问我：能不能使用金属丝修补装修剪工具的口袋？

正好当时我手头有串珠用的金属丝，就试着用上了。效果和质感竟然都还不错！以后我可以把金属丝也用到修补衣服上来了！这是一个新发现。如何更好地处理线头，是今后需要重点关注的地方。我会持续根据渡来先生衣服上所用金属丝的使用变化情况而加以维护。不断改良技法和材料，织补正当时！

本期设计了一款宽松的套头衫样式的斗篷。
花样优美，款式时尚，利用率高，大家一定要织一件呀！

photograph Shigeki Nakashima styling Kuniko Okabe,Yuumi Sano hair&make-up Daisuke Yamada model Luka(167cm)

费尔岛花样的
套头衫风情斗篷

在带着几分凉意的初秋，套上一件斗篷非常方便。加上袖子，设计成套头衫样式。宽松的衣身加上袖子后，可以当作一款小毛衣穿。

编织方法是从领口向下编织，前、后身片设计出明显的差行，再用优美的费尔岛花样加以点缀。编织花样乍看之下很细碎，其实它的宽度只有约10cm，总体针数不多，再加上它是环形编织的，只需要看着正面一直编织就行了，所以编织起来并没有想象中麻烦。配色编织部分针目容易收缩，因此在加针上下了功夫。

自然纯净的底色和经典的费尔岛花样组合，给斗篷增添了流畅的线条感和时尚感，让人一眼就爱上了。

可以套穿在T恤、连衣裙或衬衫的外面，尝试一下吧。

这款毛衣在设计上集结了斗篷和套头衫的优点。斗篷款式的衣身，使它可以轻松套在当下流行的阔袖衬衫外面。当然，套在修身的衣服外面也非常漂亮。它既可以搭配休闲服装，也可以搭配优雅的连衣裙，赶快编织一件穿上吧。

制作/饭岛裕子　编织方法/114页
使用线/DARUMA

衣领处的差行
所有尺码的衣领编织相同的行数，但加针的针数有所不同。

配色花样
调整单个花样的编织位置，从 S 号开始依次增加 1 个花样。

S 号
M 号（第 22 页图）
L 号
XL 号

衣袖
斗篷部分的长短有所不同，但衣袖的长度是所有尺码都一样。

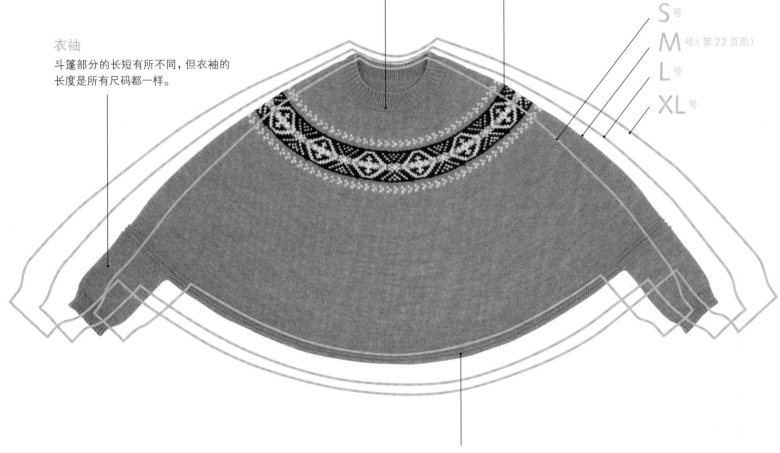

斗篷衣身和下摆
配色编织完成后，向下摆方向编织的行数有所不同。每加大 1 码，加针次数便增加 1 次。

michiyo

曾在服装企业做过编织策划工作，目前是一名编织作家。从婴幼儿到成人服饰，著作颇丰。现在主要以网上商店 Andemee 为中心发布设计。

尺码是以编织花样为基础调整的，因此尺寸的变化并不均匀。

6

随缘创意，全力编织

「辛迪·吉枝」

photograph Bunsaku Nakagawa　text Hiroko Tagaya

收藏的造型奇特的编织针具

以重金属编织为主题的毛衫

海蛞蝓的参考书

重金属编织世界锦标赛的参赛证

因蜥蜴鳞片看上去很像编织针目而创作了编织巨蜥

辛迪·吉枝（Cindy Yoshieda）

现居东京。"万物皆可编织"手工艺术家，自由职业者，也以吉枝制作所的名义开展活动。从自由创作到企业的定制，从缝纫作品到海蛞蝓编织玩偶，创作范围十分广泛。运营中野手工艺俱乐部，以个人名义参与录制"编织闲谈"节目，参加重金属编织世界锦标赛……通过不拘一格的活动收获了很多忠实粉丝。热爱编织，梦想是在家乡进行一场类似"毛线大爆炸"的编织行为艺术。

本期的嘉宾是辛迪·吉枝老师。自幼对编织情有独钟，像暖炉垫那样大件的作品每次编织完就拆掉，拆了又重新编织。

"去东京时也是想着只要能买到毛线就行。一心想要自由，曾经想做一个没有固定职业的'流浪汉'（笑）。就是那时与电视节目人偶服的制作公司结缘的。"

即使现在从事自由职业，制作人偶服的工作也已经成为生活的一部分。

"我也一直在销售编织作品以及换装娃娃小布（Blythe）的娃衣。中野手工艺俱乐部的店主以前经常购买我的作品，问我是否想做店长。于是从2010年开始担任店长直到停业。2022年的一年时间，我在新宿2丁目的酒吧每月举办1次编织沙龙。编织给人非常健康的印象，但是也有不少偶尔放纵一下自己的编织者，这样的朋友就会觉得很有趣，时常过来捧场。"

听说辛迪老师有时去那个酒吧喝酒，老板闲聊时就问她要不要做1个月1次的店长。

"他问我是做什么的，当时正好参加了芬兰的重金属编织世界锦标赛，老板听说后很感兴趣。"

那是芬兰约恩苏（Joensuu）的城市盛宴，选手们跟随当地重金属乐队的指定曲目进行编织表演。这样的世界锦标赛从2019年开始每年都会举办，很多选手纷纷参与角逐。

"说到事情的来龙去脉，那是在朋友的现场演唱会活动中，朋友问我要不要做点什么，于是想出了音箱形状的编织机，不是有名的马歇尔音箱（Marshall）。我将它取名为aMarshall，用它表演了'编织闲谈'的节目。跟随音乐一边摇头晃脑一边编织，然后从aMarshall里取出预先编织好的作品（笑）。后来在网上看到重金属编织世界锦标赛，在推特（Twitter）上转发时开玩笑说这是音乐和编织的融合，自己是否应该参加呢？不曾想收到了超多的回复，何不试试看呢？不妨先报名试试？……"

除此之外，在网络呼声下轰轰烈烈开展了海蛞蝓的制作。

"1天编织1只图鉴上的海蛞蝓，最后编织了999只。如果没有大家的追更可能就偷懒放弃了。"

回顾辛迪老师的创作，全部都是全力响应"试试看？"的结果，呈现出犹如喜剧演员般有趣的一面。

"我觉得抖包袱才是最精彩的。是吧，一个接一个让人忍俊不禁（笑）。"

那还是因为辛迪老师具备"抖包袱"的技术。无论是海蛞蝓，还是镇守住宅兼工作室的巨蜥，都没有绘制图解，一边编织一边在想要弯曲的位置进行调整，逼真的关节和指尖体现了精湛的造型能力。

"一开始编织玩偶时，就想制作小熊和小兔子之外的玩偶，后来就编织了蜥蜴。"

编织的多样性，看似与编织毫不搭边的元素和编织相互融合的乐趣……辛迪老师让我们意识到编织原来可以如此自由。

1/这是爱猫Torico 2/最早以100只为目标开始编织的海蛞蝓。都是参照图鉴编织的 3/辛迪老师毫不吝啬地讲述了编织趣事，让人听了意犹未尽 4/有一段时间编织过蜥蜴等爬行类动物。大小与中型犬差不多 5/放在房间中间的锁边机。3台缝纫机使用得游刃有余 6/初次参加重金属编织世界锦标赛时编织的毛衣。参照指定曲目的唱片封套，像绘画一样编织出图案 7/房间到处可以看到引人注目的编织装饰 8/工作室兼住宅，乱中有序，很有地下室的感觉。听说有时间还要编织天花板上装饰的苔藓 9/据说在不断编织海蛞蝓的过程中造型能力有了很大的提升

1	2	
3	4	5
6		7
	8	9

25

使用品质优良的线材，编织简单好看的毛衫。
大面积使用简单的下针编织，反而更能彰显毛线的质感。

photograph Hironori Handa styling Masayo Akutsu hair&make-up Misato Awaji model Dante(176cm)

双层门襟简约
无袖开衫

这是一款极尽简约之美的开衫，
前、后身片连在一起编织。胁部无
须缝合，针目平整，穿着舒服。衣
领和前门襟设计成了双层样式，折
叠处编织上针，尽显清爽之美。

设计 / 玉村利惠子
编织方法 /111 页
使用线 /ROWAN

圆育克轻暖开衫

这款从领口向下编织的开衫，育克部位
排列着可爱的镂空花样。前门襟和衣身
一起编织，衣领使用了i-cord收针法。
线材中含有柔软的羔羊毛和幼马海毛，
穿着非常轻柔。

设计/风工房
编织方法/118页
使用线/ROWAN

安和卡洛斯的
男士毛衣编织

安和卡洛斯设计的毛衣，
总是带给我们很多崭新的发现。
这里提供了S号和M号两种参考尺码，
大家一定要编织一下！

photograph,styling,hair&make-up ROWAN
model Vuk Dzankic（186cm,M 号）

高领牛仔风情
套头毛衣

上针编织的线条很有韵律感，满布的编
织八角星花样，很有视觉冲击力。深浅
不同的灰色线组成配色花样。粗花呢线
的独特质感和带着些许蓝色的炭灰色
底，发生了微妙的反应。真是绝妙至极
的设计。

设计／安和卡洛斯
编织方法／120页
使用线／ROWAN

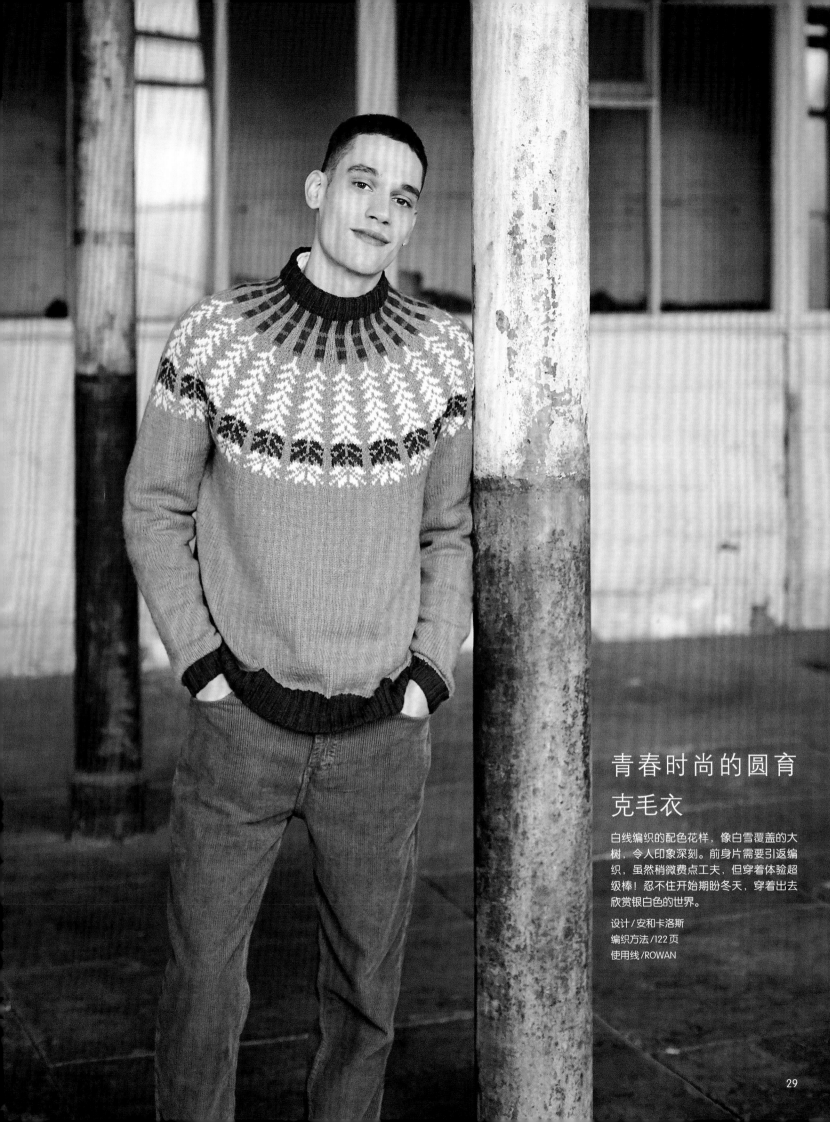

青春时尚的圆育克毛衣

白线编织的配色花样，像白雪覆盖的大树，令人印象深刻。前身片需要引返编织，虽然稍微费点工夫，但穿着体验超级棒！忍不住开始期盼冬天，穿着出去欣赏银白色的世界。

设计 / 安和卡洛斯
编织方法 /122 页
使用线 /ROWAN

位于伊比利亚半岛的西南部、濒临大西洋的葡萄牙是一个美丽的国家：万里无云的蓝天，花砖（azulejo）装饰的街道，丰富的自然资源……近年来作为旅游国家备受青睐。里斯本是一座历史悠久的城市，有很多见证了大航海时代的古建筑。在日本也很受欢迎的蛋挞就起源于热罗尼莫丝修道院（Jeronimos Monastery）的修道士制作的葡式蛋挞，现在修道院旁边的商店里还有很多人排起长队购买。

从热闹的城市往边上的城镇走一走，又是另一番不同的体验。特茹河（Rio Tejo）南面的阿连特茹（Alentejo）地区是一片平原，种着橄榄树和欧洲栓皮栎，放眼望去真是恬静的田园风光。经常听说阿连特茹的人们大多性格乐观开朗。该地区一年四季都很干燥，夏冬季节温差很大。建筑的外形和乡土点心等各方面都可以看到伊斯兰教的历史痕迹。这里是有名的美食之乡，盛产香气浓郁的橄榄油，还散布着几家豪华的旅馆和葡萄酒厂。手工艺也很盛行，有各种独具特色的民间艺术品。产量世界第一的栓皮栎自古就是手工艺的原材料，用来制作包括饭盒在内的餐具、椅子等各种物品。另外，还有很多陶瓷作坊，烧制出图案素雅的瓷器。阿连特茹地区的这些手工艺无不展现着广袤大地的巨大魅力。

莫拉小镇位于深受摩尔文化影响的阿连特茹地区的东面。街道的尽头可以看到圆筒形的烟囱，这也是摩尔式烟囱中最古老的形状。小镇里有一座12世纪建造的塔，流传着在与基督教徒的战争中摩尔人萨卢基亚（Salúquia）公主凄美的故事。

世界手工艺纪行 ❹ （葡萄牙共和国）

保留着伊斯兰文化底蕴的
阿拉约卢什地毯

采访、图、文／矢野有贵见　摄影／森谷则秋　协助编辑／春日一枝

十字绣地毯

阿连特茹地区的阿拉约卢什小镇（Arraiolos）位于里斯本以东约100公里处，人口约7000人。在老城区，白色石灰墙的房屋鳞次栉比，很有阿连特茹的特色。小镇的尽头是一座小山丘，像一只倒扣的碗，山丘上有一座圆形城墙的阿拉约卢什城堡。山顶还有一个教堂，宛如绘本上的图景。

这个小镇上流传着葡萄牙的代表性手工艺之一，那就是"阿拉约卢什地毯"。这种地毯用羊毛线和粗针在黄麻布料上绣出略显复杂的十字绣图案。参观葡萄牙各地历史悠久的建筑和贵族的宅邸，可以经常看到铺垫的古老的阿拉约卢什地毯，由此可见它是极具价值的传统手工艺品。

地毯的花纹由中心主花纹、边角花纹、填充装饰纹三部分组成。中心主花纹是指地毯中心的花纹，上下左右对称的居多。边角花纹是指地毯周围的边缘花纹，比如几何图案和动植物图案等的连续花纹。填充装饰纹是指填充在中心与边缘之间的各种图案，比如：孔雀、狗、鹿等飞禽走兽，玫瑰和康乃馨等花卉植物，以及人物、昆虫……有的反映了时代的流行风尚，有的是手工艺人的自由发挥。地毯的构图，一般情况下是从地毯的中心绘制垂直线和水平线将布料一分为四，然后在四个区域上下左右对称填充花纹。

刺绣的基础针法是"阿拉约卢什绣"。这是左右横向刺绣的针法，用于直线型和较大面积的图案刺绣。这种针法12世纪左右就存在于伊比利亚半岛了，是十字绣的一种。进行花鸟等曲线图案的刺绣时，则使用纵向刺绣的"波斯绣"和斜向上下刺绣的"简易绣"。从边角花纹开始刺绣，布料更加稳定，操作起来更加方便，不过也有一些手工艺人是从中心主花纹开始刺绣的。

绣线使用编织地毯时的羊毛线，粗细约3mm，将3根线合捻在一起，绣好后既结实又松软。虽然现在一般使用中部地区厂商的毛线，但是20世纪中期以前都是用阿拉约卢什的美利奴羊毛手工纺的毛线。在使用天然染料的时代，巴西红木、蓝草、胭脂虫、西洋茜等染料可以染出丰富的色系。布料方面，现在使用的是黄麻布，而17世纪到18世纪前半期使用的是亚麻布，18世纪后半期到19世纪末使用的是帆布和大麻制作的布料。随着时代的变迁，使用的布料越来越厚。虽说刺绣的技术是手工艺人母女代代相传的，但是制作毛线的原毛的梳理工作以及织成布料的工作却是男性手工艺人承担的。

市政广场是小镇居民的休憩场所。仿佛地毯刺绣图案的漂亮的石板下面，埋藏着100多个伊斯兰式染坊的染缸。正前方的建筑是法院，墙壁上悬挂着巨幅绘画，再现了染坊的场景。

A

B

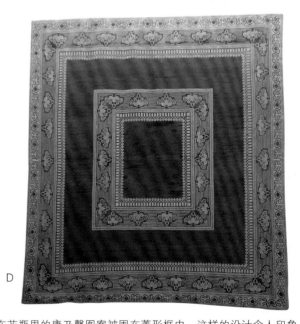

C

D

E

A/18世纪晚期制作的地毯。中心插在花瓶里的康乃馨图案被围在菱形框内，这样的设计令人印象深刻。边角是连续花纹，填充装饰纹部分沿用了围绕中心主花纹上下左右对称排列的构图。有的花纹也常见于东方地毯中，但是整体来看受东方文化的影响并不明显　B/在阿拉约卢什地毯解说中心，陈列着从葡萄牙国内各大博物馆和美术馆借用的地毯。这是里斯本国立古董美术馆收藏的17世纪的地毯。在东方设计影响深远的时代，小鹿是波斯（现伊朗）地毯中经常用到的图案　C/这是19世纪的地毯，毛线绽开的部分可以看到厚实的底布。填充装饰纹中插在花瓶里的花卉图案也常见于中国、土耳其和波斯等国的地毯中。在阿拉约卢什，一般会在地毯中心区域的上下对称排列纹样，这里的花是康乃馨　D/20世纪早期制作的地毯。设计体现了装饰艺术风格，与前一个世纪相比设计风格截然不同。中心主花纹和边角花纹结合直线条的框架设计，填充位置没有任何花纹，非常简洁。可以更好地衬托装饰艺术风格的家具　E/阿拉约卢什地毯解说中心是小镇上最古老的建筑，从15世纪后半期到16世纪初期曾经是医院。这里除了古老的地毯，还简单明了地展示了毛线的手工制作过程等

地毯的历史

地毯的历史非常悠久，在 7 世纪开始的伊斯兰教游牧民族的大迁徙中，据说是摩尔人将地毯带到伊比利亚半岛的。关于阿拉约卢什地毯的最早文献是 1598 年，现存最古老的作品是 17 世纪的地毯，由此可以判断早在这之前就已经开始制作地毯了。最有力的说法是，1496 年将异教徒赶出国境的驱逐令颁布后，被迫要改信基督教的里斯本伊斯兰共同体的地毯手工艺人纷纷迁到了对宗教问题更为宽容的南部地区，并在阿拉约卢什开始了地毯的制作。阿拉约卢什盛行牧羊，从 13 世纪到 15 世纪后半期最是鼎盛，还有大规模的伊斯兰式染坊，据说这也是地毯手工艺人选择此地的原因。这个染坊于 2003 年在小镇的市政广场被挖掘出来，如今大部分又被填埋回去，长眠于广场的石板下面。阿拉约卢什地毯解说中心就在广场周围，建筑的地板下可以看到染坊的一小部分。此外，法院的墙面上还悬挂着一幅画，描绘了染坊的场景。

早期的土耳其地毯，以及统治过伊比利亚半岛的卡斯蒂利亚王国的摩尔地毯，它们的几何纹样都对阿拉约卢什地毯的设计产生过影响。但是，从 16 世纪中期到 17 世纪，随着印度莫卧儿地毯的传入，更重要的是波斯地毯的传入，人们为曲线图案和斑斓的色彩所倾倒，流行风尚开始发生了变化。以波斯地毯为蓝本，形成了中心主花纹、边角花纹、填充装饰纹的基本构图，纹样上也增加了动物图案等，更加丰富多彩，大受好评。之后，去除中心主花纹、按一定规则排列花纹的

总是笑脸盈盈的宝拉女士，让人联想到阿连特茹大地上盛开的向日葵花。那一天，她正在修补客人带来的地毯。

构图也越来越多。到了 18 世纪，纹样上开始体现出葡萄牙的特色，出现了身穿民族服装的人物形象。18 世纪后半期达到了地毯制作的鼎盛期，这一时期东方的影响逐渐减弱，直至 19 世纪后半期，阿拉约卢什的手工艺人充分发挥了独创性，体现了时代特征。

世界手工艺纪行 ㊻
（葡萄牙共和国）

阿拉约卢什地毯

一度衰落的地毯

19 世纪末，因为受到经济衰退的影响，地毯的制作逐渐衰落。手工艺人的数量减少，几乎到了停产的地步。对此深感忧虑的装饰艺术家乔塞・凯洛斯在资产家和收藏家们的资助下于 1897 年开展了名为"阿拉约卢什地毯复兴"的活动。1900 年，又在阿拉约卢什近郊的埃武拉（Evora）创立了地毯工坊开始授课。这个工坊的创立初衷是给孤儿以及贫困女性提供工作，不过这种工坊的创立也是时代潮流之一。1916 年，在阿拉约卢什也开设了这样的工坊。1917 年，在里斯本的卡尔莫教堂（Igreja do Carmo）举办了地毯展览会，很多市民借此机会了解了阿拉约卢什地毯这项传统手工艺。这样的活动大有成效，手工艺人的数量逐渐增加，后来阿拉约卢什也制作出了越来越多的地毯。

地毯的未来

现在，阿拉约卢什共有 6 家店铺，每家店铺都有居住在小镇内外的分包工，但是手工艺人的总数量并不清楚。宝拉女士与母亲一起在老城经营着地毯店，与她进行交易的就有镇上的 35 个手工艺人。小镇里没有教授刺绣技术的学校，很多都是母女相传。宝拉女士五六岁就开始跟着母亲学习制作地毯。她还清楚地记得 15 岁时自己制作的传统花样的地毯第一次被卖出去的那一天，"感觉太棒了！因为卖了 500 欧元呢。在当时也算是高价售出了。"宝拉女士的店里最受葡萄牙人欢迎的是大小为 3m×2m 和 2m×1.5m 左右的传统纹样地毯，70 岁以上的客人似乎更喜欢现代风格的设计。订单从全世界涌来，就在前几天有一块中国风现代设计的地毯寄去了法国。

话说回来，阿拉约卢什地毯可以使用多久呢？问了宝拉女士，得到的答复是"跟使用方法也有关系，一般经过 50~100 年就需要修理一番"，而且，"绝对不能干洗，要水洗才行"。

在葡萄牙，爱好制作地毯的人可以买到相关的材料，不过最近需求逐渐减少。另外，也有手工艺人高龄化的问题。即使这样，就像葡萄牙移民传入的地毯在巴西生根发芽一样，爱好者遍布世界。在日本，这种手工艺被称为"葡萄牙刺绣"，有了独树一帜的发展，不仅布料的种类有所增加，在各地还有培训教室。希望这项充满温度又历史悠久的手工艺今后也能被全世界所热爱。

宝拉女士设计的刺绣图案。标注的符号没有特别的规定，用自己方便理解的方法自由设计。现在市面上销售的图案集非常少，很难买到了。

矢野有贵见（Yukimi Yano）

出生于青森县。毕业于日本文化服装学院服装设计专业。曾经从事日式服装用品的设计，在古董美术品商店任职，经营着一家葡萄牙民间工艺品店"Andorinha"。目前主要通过网店和展会等途径进行销售。著作有《最新版 怀旧的旅行时光之葡萄牙》和《怀旧又可爱的葡萄牙纸制品》（均为日本IKAROS出版社出版）、《把葡萄牙带回家》（日本诚文堂新光社出版）、《漫步葡萄牙著名建筑》（日本X-Knowledge出版）。

F/一位女性手工艺人正在给完成刺绣的地毯缝上流苏饰边。地毯四条边缝上了宽宽的黄麻织带。流苏饰边用椅子形状的木制编织机编织而成 G/玄关的地垫和抱枕等小件刺绣作品很方便带回日本，是很棒的纪念品。在家里就可以水洗，毛线松软，踩在脚底十分舒适，而且不用时可以卷成小筒不占地方 H/这块地毯的边角绣制的天使俏皮可爱。四张半榻榻米大小（约7.3平方米）的地毯填充了各种各样的花纹，比如双头雕、盛装的女性、美人鱼等。宝拉女士店里的地毯色彩都比较柔和，纹样也透着一分可爱 I/宝拉女士有时会参考东方古老地毯的图片进行设计，这张地毯也是这样创作出来的 J/大约10年前在宝拉女士的店里购买的抱枕套。本来销售的是一块地毯，说是"也可以改成抱枕"，便当场在反面加了里布缝制了抱枕套。设计充满了古色古香的异国风味，感觉也很可爱

参考：《葡萄牙刺绣》高桥纪世子著 1999年 日本GRAPH社
《我眼中的葡萄牙》Madoka Umemoto著 2012年 日本风咏社
协助：阿拉约卢什地毯解说中心（Centro Interpretativo do Tapete de Arraiolos）

photograph Hironori Handa styling Masayo Akutsu hair&make-up Misato Awaji
model Dante(176cm)

美丽的传统花样

风工房的费尔岛编织

秋天是可以安静地坐着织毛衣的季节。越是烦琐，越是有趣。接下来，让我们一起编织令人向往的费尔岛传统花样毛衣吧。

V领条纹花样
马甲

秋季时穿在外面，到了冬季就穿在棉衣里面，这是马甲特有的魅力。这款马甲共使用了10种颜色，可以尽享传统花样的编织魅力。给简单的白衬衫搭上色彩斑斓的费尔岛花样马甲吧。

编织方法/130页
使用线/芭贝

圆育克配色花样套头衫

编织完帽子之后，要不要尝试一下这件圆育克套头衫呢？
虽然使用的颜色比较多，但大面积使用配色花样的育克部
分是环形编织的，所以编织起来也并不费事儿。

编织方法/128页
使用线/芭贝

7种颜色编织的贝雷帽

如果觉得编织毛衣有点难，就先从帽子开始尝试吧。这
款帽子使用了7种颜色，但因为是环形编织的，所以比想
象中要简单很多。细针编织的帽子非常精美，令人一见
倾心。

编织方法/127页
使用线/芭贝

情侣款V领男士马甲

配色花样和第34页的女士马甲完全相同，但换了颜色就给
人完全不同的感觉。色彩真奇妙。

编织方法/130页
使用线/芭贝

乐享毛线 Enjoy Keito

这次我们介绍使用爱尔兰岛的手染毛线编织的作品。

photograph Hironori Handa styling Masayo Akutsu hair&make-up Misato Awaji model Dante(176cm)

Hedgehog Fibres
KIDSILK LACE

幼马海毛70％，真丝30％　色数/11　规格/每桄50g
线长/约420m　线的粗细/极细　推荐针号/棒针
3.25~4.5mm（相当于3~8号）
芯线为真丝，用蓬松柔软的马海毛包裹着，非常轻柔。它具有真丝的光泽和轻柔的手感，而且色彩优美。

3种基础针法钩编的
马海毛披肩

这是一款由锁针、短针和长针钩编的披肩。所用的颜色是想象着河畔风光染成的。享受编织花样的乐趣尽情编织吧。

设计/Keito
制作/须藤晃代
编织方法/117页
使用线/Hedgehog Fibres

Keito

销售来自世界各地的优质毛线。
2023年开始以网上销售为主要业务。

Hedgehog Fibres
SKINNY SINGLES

美利奴羊毛100%　色数/27　规格/每桄100g　线长/
约366m　线的粗细/中细　推荐针号/棒针2~3.75mm
（相当于0~5号）
这是一款简单的中细毛线，触感光滑，而且富有光
泽。除了编织毛衣以外，也很适合编织披肩。

经典款大口袋开衫

这是一款经典的开衫，利用率非常高。可以用鲜亮的
颜色编织，也可以用淡雅的颜色编织。选择喜欢的颜
色编织吧！

设计 /miu_seyarn
制作 /须藤晃代
编织方法/134 页
使用线 /Hedgehog Fibres

超治愈的松软感

软乎乎的，毛茸茸的，欢迎来到美妙的世界！
舒适的手感让人不由得为之着迷。

photograph Shigeki Nakashima styling Kuniko Okabe,Yuumi Sano
hair&make-up Hitoshi Sakaguchi model Anna(173cm)

纯净蓝的棋盘格
花样毛衫

身片全部使用了松软的绒线，水蓝色明净清
爽。衣袖搭配平直毛线编织了棋盘格的配色
花样，设计十分可爱。虽然下摆和衣领毛茸
茸的看不清针目，为了避免边缘卷曲，特意
编织了起伏针。

设计／野口智子
制作／远山美沙子
编织方法／138页
使用线／DMC

暖心白的拼接风
可爱套头衫

这是一款原白色的套头衫，宛如刚出生的小白兔。后身片和前身片的胁部用平直毛线连续编织，与毛茸茸的部分形成对比，别有一番韵味。缝合也很简单，真是一眼难忘的设计！

设计／宇野千寻
编织方法／139页
使用线／DMC

舒适百搭的起伏针开衫

起伏针编织的开衫无论男女宝宝都很适合。舍去了复杂烦琐的设计，强调简洁、雅致、舒适的特点。妈妈一定不会错过这样的毛衫。

设计／芭贝企划室
编织方法／126页
使用线／芭贝

Cardigan

Simple Baby Knit

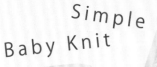

简单又可爱的 婴幼儿编织

轻柔舒适的毛线小物最讨婴幼儿喜欢了。
用什么颜色编织呢？犹豫不决的时刻也是无比幸福的。

photograph Shigeki Nakashima styling Kuniko Okabe,Yuumi Sano hair Hitoshi Sakaguchi
model Leah(80cm),Yuzuto(80cm),Eric(70cm)

多功用必备品包被

可以铺也可以裹的包被是婴幼儿的必需品。本页的包被使用了原白色加彩点的毛线，第40页的包被则使用了原白色的纯色线。

设计/芭贝企划室　编织方法/126页　使用线/芭贝

Swaddle

可爱猫耳帽

这是一款下针和起伏针编织的帽子。一圈圈环形编织后缝合帽顶即可，结构非常简单。佩戴时，两只角微微翘起，自然形成猫耳的样子，可爱极了。

设计/芭贝企划室　编织方法/126页　使用线/芭贝

Cap

可快速完成的绒球婴儿鞋

快速编织20行，对折后缝合3处，主体就完成了！只需每行编织下针，也非常适合新手妈妈。再加上可爱的小绒球作装饰吧。

设计/芭贝企划室　编织方法/126页　使用线/芭贝

Shoes

亮泽柔滑
诱人的真丝线

为顺滑柔美的真丝增添了自然气息的混纺线，
富有光泽又轻柔的真丝马海毛线，
用这两种真丝线材合股编织，
织物轻暖柔滑。
细细品味那份独特的魅力吧。

photograph Hironori Handa　styling Masayo Akutsu
hair&make-up Misato Awaji　model Dante(176cm)

锁链花样落肩袖
套头衫

亮丽的颜色展现了真丝线容易染色、呈色漂
亮的特性。令人惊艳的颜色很衬肤色，只要
穿在身上就有种幸福感。即使贴身穿着也毫
无压力，手感非常舒适。

设计／风工房
编织方法／133页
使用线／Silk HASEGAWA

不对称几何花样
镂空毛衫

用钩针编织流行的镂空毛衫。轻薄通透的纹理体现了钩针编织的优势。漂亮的蓝色深浅不一，相互映衬，几何花样给人一种技巧性很强的感觉。整件作品无论编织方法还是外形都非常简单。

设计/岸 睦子　编织方法/135页
使用线/Silk HASEGAWA

从领口开始编织的
混色无袖衫

使用砖红色（官方色名CHILI PEPPER）的真
丝线与原白色的真丝马海毛线合股编织，呈
现出丰富的混色效果。简单的下针编织搭配
镂空花样，令人印象深刻。从领口开始往下
编织，无须缝合拼接，编织结束的同时作品
也完成了。

设计／奥住玲子　编织方法／144页
使用线／Silk HASEGAWA

渐变色竖条纹
七分袖毛衫

钩针编织的毛衫往往偏重，而真丝线材编织的毛衫却非常轻。从130种颜色中选择自己喜欢的颜色，试试编织渐变条纹吧。加入白色真丝马海毛线合股编织，色调变得更加柔和谐调。

设计/河合真弓
制作/关谷幸子
编织方法/140页
使用线/Silk HASEGAWA

陶瓷毛线碗

莱比锡羊毛节暨面料博览会
Leipziger Wollefest und Stoffmesse

撰文／Hiroko Mine (knit studio KASITOO)

布置了实木背景墙的展位，让人感觉非常舒服。大厅2楼的展位也吸引了很多人

我们参观了4月1、2日举办的"莱比锡羊毛节暨面料博览会"。这是一个羊毛和面料的盛会，现场汇聚了德国国内约100家参展商。这样的博览会每年都会在以玻璃穹顶著称的莱比锡会展中心举行。

因为新冠疫情而中断了3年之后，2023年终于迎来了第13届博览会。

我们是从Mominoki Yarn店主那里听到消息后第一次参观，好在去会场的公交车上有很多人穿着编织服饰，无疑是去同一个地方的，于是很放心地跟随他们来到了会场。

虽然户外雪花纷飞，但是玻璃大厅内的会场灯光璀璨，很多期盼已久的粉丝从第一天开始就热情高涨。约70%的展位由手染线和手纺线的设计师及相关店铺使用，20%的与面料相关，剩下的是纽扣、陶瓷毛线碗、纺锤等与编织相关的辅材的展位。每个展位尽管比较小，商品却各具特色，琳琅满目，非常值得一看。

除了商品，售卖根西毛线的展位有根西毛衣的幻灯片讲解，售卖原毛的展位有手纺线的现场展示，每个展位都各显神通。另一个会场还举办了讲习会。

观察参展商和参观者的服装和随身携带的物品也非常有意思，不经意间就会被深深吸引，时间转瞬即逝。

会场内还提供了很多座席，走累了可以一边聊天一边编织，休息好了再继续购物。

来自海外的参观者好像并不多，当我们说来自日本时，他们都很惊讶。虽然很多都是用德语介绍的，只要有共同的兴趣爱好，语言障碍就不成问题。大家都可以在博览会上逛得十分尽兴。

下一次的第14届博览会预计在2024年4月6、7日举办。

1/天然材质的纽扣，做工和颜色都很精美
2/来自牧羊场的参展商
3/Mominoki Yarn的展位，其手线因为漂亮的颜色而非常受欢迎
4/时尚的店员正在讲解披肩的编织方法
5、6/在身穿手编服饰的人群中，拍下特别引人注目的参观者
7/手工制作的木质纺锤，每件都是独一无二的。与工具的"一期一会"也让人十分开心

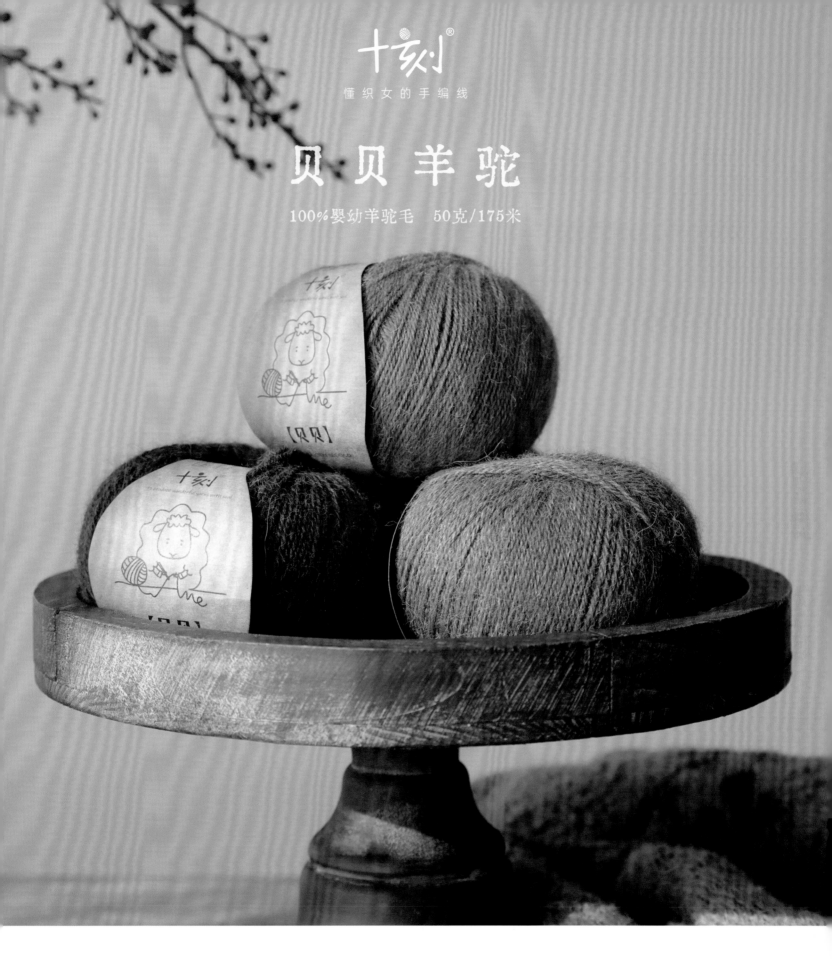

贝贝羊驼

100%婴幼羊驼毛   50克/175米

购买渠道：

天猫 十刻旗舰店

淘 十刻手编线

小红书 十刻旗舰店

抖 十刻家居旗舰店

十刻®贝贝羊驼

100%婴幼羊驼毛

柔似棉花，滑似丝绸

这款纱线柔暖轻滑，颜色丰富，所选用的羊驼毛是一种珍贵的天然纤维。它的纤维细软，具有良好的保暖性和透气性。与羊毛相比，它还具有不易过敏的特点，让您的皮肤得到呵护。如拥抱般亲密温暖！

温柔待人，温柔待己！

Color Palette

1、2、3、4、5！
用1~5团线钩编的作品

本期介绍的小物使用1种或2种花样，
将少量的零头线最大限度地利用起来了。
段染线呈现的各种色调也非常引人注目。

photograph Shigeki Nakashima styling Kuniko Okabe,Yuumi Sano
hair&make-up Daisuke Yamada model Luka(167cm)

设计/冈 真理了
制作/冈 千代子（护腕、2款围脖），真野章代（2款背心）
编织方法/146页
使用线/奥林巴斯

1团线

这是用1团线就可以完成的护腕，环形编
织小巧的树叶花样。选择适合花样的颜
色，让手部展现别样的风采吧。

3团线

这是一款秋意满满的围脖，渐变的色调仿佛层林尽染的森林。用3团线编织而成，宽幅的设计也可以像风帽一样佩戴。

5团线

这是用5团线编织的宽松背心。身片是5列与护腕相同的花样，两侧花样比较宽，再加上边缘和衣领就完成了。紫红色系的渐变色给人成熟的感觉。

4团线

这是用4团线编织的背心，选择了与任何服饰都很搭的颜色。与5团线编织的背心相比，尺寸要窄小一些。自由组合花样的乐趣让人欲罢不能。

2团线

红叶般的渐变色围脖只用了2团线。按3团线围脖的要领环形编织，不过减少了2个花样，正好是合适的常用宽度。

秋日风情

在秋意渐浓的原野，不同深浅的粉色波斯菊随风摇曳，蜻蜓也披上了红妆。
将这些秋日风情请进房间吧。不妨抢先一步感受季节的气息。

photograph Toshikatsu Watanabe styling Terumi Inoue

波斯菊

浅粉色、深粉色、玫粉色等，在黄色花芯的
映衬下格外灿烂，让人内心平和。作为路边
常见的小花，更是增添了一分亲切感。

设计 / 松本薰
编织方法 /153 页
使用线 / 奥林巴斯

红蜻蜓

日语的"秋茜"俗称红蜻蜓。纤细的翅膀部分用40号蕾丝线交替钩织短针和锁针（又叫亚麻针）。

设计／松本薰
编织方法／153页
使用线／奥林巴斯

实际上，波斯菊是明治时代（1868—1912年）引进日本的外来品种，成为秋日风情的代表还是最近的事。另外，因为花瓣的形状和樱花很像，所以也叫"秋樱"。据说写成"秋樱"却读作"cosmos"，是因为昭和时代（1926—1989年）流行的那首歌（译者注：山口百惠演唱的《秋樱》）。曾经风靡一时的波斯菊就连叶子的形状也别具特色，松本薰老师的表现力真是让人佩服。为了更方便装饰，波斯菊的花茎部分是插入铁丝缠线制作而成的，红蜻蜓则将短针钩织的身体包住铁丝缝合。红蜻蜓的身体用3种颜色的线钩织，表现得非常细腻，不愧是松本薰老师啊。

林琴美的快乐编织

photograph Toshikatsu Watanabe,Noriaki Moriya(process) styling Terumi Inoue

用起伏针和3针并1针尽享乐趣无限的多米诺编织

Number Knitting
《序号编织》
讲解了巧妙利用减针塑形的思路，简单易懂

Dominostrikk
《多米诺编织》
书中还介绍了日本尚不普遍的用编绳的方法编织边缘的具体步骤

《薇薇安的趣味多米诺编织》
多米诺编织除了平面拼接还有很多应用方法。下期将为大家介绍新的连接方法

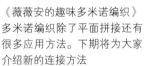

一不留神每行都减针、偏离了正方形的织片。缝合两端，正好用来收纳剪刀

大家知道"多米诺编织"这种方法吗？我第一次听说多米诺编织还是2000年在丹麦举办的北欧编织研讨会上。特殊的编织方法说有也有，说没有也没有。只要学会下针和3针并1针就完全没问题。正反重复编织下针，其实就是起伏针。要说有什么编织要领，那就是起针数为奇数，中心的3针编织3针并1针，每行最后一针编织成上针。从第3行开始，每行的第1针以下针的入针方式插入棒针，将其编织成滑针。这样就可以编织出接近正方形的织片。注意3针并1针是每2行编织1次，如果不小心每行都减针就不是正方形了。不过，将错就错也不失为有趣的选择。初学时感觉很有意思的是起针方法。那是日本不太常用的"编织式起针法"。我是从母亲那里学会这种起针方法的，所以很快就上手了。不过讲师薇薇安（Vivian Høxbro）告诉我，这种起针方法可以用在编织起伏针的时候。多米诺编织的乐趣在于，不断编织拼接的过程中花样会逐渐呈现出来。编织前先想好设计，然后开始编织。如果没有预先想好连接方向，一旦开始编织，就会出现连接不起来，或者和预想的设计不一样等问题。

听说身为丹麦人的薇薇安最早在德国的手作博览会上看到这种编织方法并且产生了兴趣，于是直接找到介绍这种编织方法的德国人舒尔兹（Horst Schulz）请教学习。据说在德国，人们把这种编织方法称为"新型编织"，而薇薇安与主办北欧编织研讨会的Gavstrik（丹麦编织协会）的成员们决定将其命名为"多米诺编织"。

最早记录这种编织方法的是1952年美国出版的*Number Knitting*，作者是弗吉尼亚·伍兹·贝拉米（Virginia Woods Bellamy）。该书中大幅织片拼接而成的作品非常引人注目，还介绍了几款用马海毛线编织的低密度女士毛衫，在当今时代依然是充满魅力的作品。因为是黑白印刷的图片，无法分辨颜色，不过大部分作品都是纯色线编织的。有趣的是，3针并1针这一针法的使用突显了立体感，若是在连接方法上再加点巧思，即使纯色编织，3针并1针的针目也能形成灵动的设计。一边编织一边连接花样的创意似乎来源于拼布艺术，书中还介绍了用3针并1针等减针方法塑造所需花片形状的过程。看到这些内容后才真正理解书名"Number Knitting"的含义。非常感谢送我这本书的朋友。

薇薇安的第一本书《多米诺编织》（Dominostrikk）是在挪威出版的，我并没有翻译这本书。因为想把更新一点的书介绍给日本的读者，于是2001年在日本国内出版了《薇薇安的趣味多米诺编织》。本期尝试用偶然买到的段染线编织了一款作品，没想到自然呈现出的花样，非常漂亮。即使不变换颜色也能呈现出多米诺编织独特的花样，不妨试试段染线的编织效果吧。

下一期将继续为大家介绍多米诺编织的别样魅力。

多米诺编织的段染线方毯

有基础的多米诺编织的小花片，也有相当于4个小花片的大花片，
大小花片组合在一起，中途变换连接方法，
再加上段染效果，最后呈现出不可思议的花样。
边缘使用了我们熟悉的i-cord收针法。

设计／林琴美
编织方法／148页
使用线／SCHOPPEL

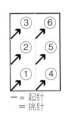

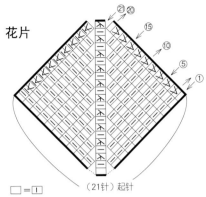

花片

一 = 起针
= 挑针

□ =□

（21针）起针

多米诺编织的连接方法

❶ 第1个花片完成。最后留在针上的针目就是下一个花片的第1针（花片的编织方法请参照第150页）。

❷ 从1条边上挑针。在滑针的针目里插入棒针挑取10针。此时针上一共有11针。

❸ 翻至反面，用"编织式起针法"起10针（参照第150页）。

❹ 10针起针完成后的状态。不要翻转织物，编织第2行（从反面编织的行）。

❺ 用相同方法编织并连接3个花片后的状态。在最后1针里穿线收针。

❻ 接着在第1个花片上挑针编织第4个花片。用相同的起针方法起10针。

❼ 从1条边上挑取11针。最后3针并1针重叠的针目是在最上方的1个线圈里挑针。

❽ 第4个花片完成。

❾ 第5个花片从2条边的行上分别挑取10针，中心从3针并1针重叠的针目里挑取1针。

❿ 用相同方法编织第5个和第6个花片。

林琴美（Kotomi Hayashi）

从小喜爱编织，学生时代自学缝纫。孩子出生后开始设计童装，后来一直从事手工艺图书的编辑工作。为了学习各种手工艺技法，奔走于日本国内外，加深了与众多手工艺者的交流。著作颇丰，新书有《北欧编织之旅》（日本宝库社出版）。

Yarn Catalogue

「秋冬毛线推荐」

我们带来了很多颜色漂亮、材质轻柔的毛线。
接下来，要用哪款线编织呢?

photograph Toshikatsu Watanabe styling Terumi Inoue

SEIKA
Silk HASEGAWA

只使用精选的顶级优质真丝和特级幼马海毛加
工而成。可以切实感受到轻柔的手感和雅致的光
泽。优质线材特有的舒适感来自对原材料的严格
要求。既可以单独使用，也可以搭配其他线材使
用。

参数
真丝40%、幼马海毛60% 颜色数/47 规格/每
团25g 线长/约300m 线的粗细/极细 适用
针号/均可

设计师的声音
这是柔软的幼马海毛和真丝的混纺线，用1根线编
织，织物非常细腻。颜色丰富齐全，质地轻柔，与其
他线材合股编织可以呈现出微妙的色彩变化。(风
工房)

GINGA-3
Silk HASEGAWA

拥有手纺线般天然朴实的风味，使用了"top-dyed
melange"的方法进行染色。在纺成纱线之前先对
蚕丝进行"条染"，不同颜色的毛条经过拼色混条
后再纺成纱线，几种颜色相互融合，富有特殊的韵
味和高级感。

参数
真丝100% 颜色数/130 规格/每团50g 线长
/约280m 线的粗细/细 适用针号/2~4号棒针，
2/0~4/0号钩针

设计师的声音
朴实的质感和丰富的颜色是这款线材的两大魅力。
虽然很细，但是摩擦力小，很容易编织。与不同材
质的毛线也很好搭配，用途十分广泛。(奥住玲子)

Teddy
DMC

这款婴幼儿毛线拥有淡雅的浅色调和毛皮般柔软的质感。芯线比较粗，上面的绒毛不易脱落。简单的编织方法就能制作出可爱的作品，也非常适合初学者使用。

参数

锦纶100%　颜色数/14　规格/每团50g　线长/约90m　线的粗细/中粗　适用针号/11~12号棒针，9/0号钩针

设计师的声音

线如其名，手感松软顺滑，编织的作品也十分可爱。毛纤维较长的线往往芯线太细很难编织，但是这款Teddy的芯线比较结实，很容易编织。（宇野千寻）

Kid Classic
ROWAN（罗旺）

由羔羊毛和幼马海毛混纺而成，织物柔软轻滑。粗细适中很容易编织，多年以来受到消费者的喜爱，是ROWAN的长期畅销商品。精美的颜色也备受好评。

参数

羔羊毛70%、幼马海毛22%、锦纶8%　颜色数/16规格/每团50g　线长/约140m　线的粗细/粗　适用针号/9~10号棒针，8/0号钩针

设计师的声音

无论是下针编织还是编织花样，针目整齐美观，是一款极具高级感的马海毛线。毛纤维比较短，初学者也很容易编织。而且织物松软暖和，色调柔和。（玉村利惠子）

Diacoffret
钻石线

用富有光泽的原材料加工成长距离段染线，再与松软的纯色细线混纺。极细的金属线在绒线中若隐若现，织物雅致而精美。手感柔软，质地优良，穿着舒适。

参数
羊毛53%、锦纶26%、腈纶16%、涤纶5% 颜色数/8 规格/每团30g 线长/约102m 线的粗细/中粗 适用针号/6~7号棒针，5/0~6/0号钩针

设计师的声音
柔软又有些许金属光泽，加上平缓过渡的渐变色，非常漂亮。容易编织，无论质感还是颜色都给人雅致的感觉，真是一款好用的段染线。（森 静代）

Diatartan
钻石线

羊毛中含有50%的英国羊毛，具有优秀的弹性和韧性，兼具柔软的手感，非常容易编织。尤其适合基础花样和立体感较强的交叉花样的织物。感受手编特有的温度，享受创作的乐趣。

参数
羊毛100%（含50%英国羊毛） 颜色数/11 规格/每团35g 线长/约96m 线的粗细/中粗 适用针号/5~7号棒针，5/0~6/0号钩针

设计师的声音
虽然手感偏柔软，编织得紧实一点就可以呈现出漂亮的基础花样。也可以编织得松软一些。是一款非常实用的万能线材。（柴田 淳）

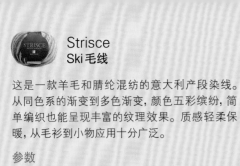

Strisce
Ski 毛线

这是一款羊毛和腈纶混纺的意大利产段染线。从同色系的渐变到多色渐变，颜色五彩缤纷，简单编织也能呈现丰富的纹理效果。质感轻柔保暖，从毛衫到小物应用十分广泛。

参数

羊毛51%、腈纶49%　颜色数/5　规格/每团50g　线长/约175m　线的粗细/粗　适用针号/4~6号棒针，4/0~6/0号钩针

设计师的声音

虽然看上去蓬松饱满，充满冬日氛围，其实非常轻，粗细适中容易编织，无论棒针还是钩针都很适合。极富个性的颜色也是一大亮点。（冈 真理子）

Ski Caral
Ski 毛线

这款平直毛线使用了羊驼绒和羊毛，既柔软又暖和，加入腈纶后质感更加轻柔。颜色呈现轻微的混合色调，无论纯色还是配色编织都很有韵味。这款线比较清爽，偏细，特别适合秋冬季节的钩针编织。

参数

羊毛70%、羊驼绒20%、腈纶10%　颜色数/12　规格/每团30g　线长/约96m　线的粗细/粗　适用针号/4~5号棒针，5/0~6/0号钩针

设计师的声音

手感舒适，容易编织。颜色数比较多，也可以尝试提花和条纹等配色编织。结实、不易起球、方便护理也是这款线的亮点。（河合真弓）

Let's Knit in English!
西村知子的英语编织——⑫

针法的缩写，有时需要仔细确认

photograph Toshikatsu Watanabe　styling Terumi Inoue

英文图解中的缩写是将操作步骤的说明进行缩减，往往缩到不能再缩，却不能像日本的针法符号那样做到标准化。为此，不同作者的缩写有时存在微妙的差异。而且，在"缩写到什么程度"这一点上也莫衷一是。不过，有时也能从中感受到作者的贴心考虑。

比如大家经常感到迷惑的pass over（覆盖）。这个词组不会单独使用，而是像pass A over B（将A覆盖在B上），需要搭配宾语。加上宾语后，步骤说明变长了，pass和over两个词在文中被分开，有时就会增加理解难度。

使用这个操作的基础针法有skp（或者skpo），即slip 1 st knitwise, k1, pass slipped stitch over the knit stitch，翻译过来的意思是"以下针的入针方式在下一个针目里插入右棒针移过针目，接着编织下针，再将刚才移至右棒针上的针目覆盖在已织针目上"，这个操作也就是日本图解中很常见的"右上2针并1针"。

今天介绍的花样中将会用到sk2po和s2kpo。虽然花样的编织说明中可以缩写得更短，却没有彻底简化。这2个缩写非常相似，为了避免因为缩写混淆不清，特意使用了这样的说明方式。关键是数字"2"的位置。下次出现时，希望大家不再感到迷惑。

< Pattern A >

multiple of 10 sts + 3 sts（including 1 edge st on each side）

● sk2p(o) = slip 1 st knitwise, k2tog, pass slipped st over the knit stitch

Row 1 (RS): K1 (edge st), *k1, yo, k3, slip 1 st knitwise, k2tog, pass slipped st over the knit stitch, k3, yo; rep from * to last 2 sts, k1, then k1 (edge st).
Row 2 and all even-numbered rows: K1 (edge st), purl to last st, k1 (edge st).
Row 3: K1 (edge st), *k2, yo, k2, slip 1 st knitwise, k2tog, pass slipped st over the knit stitch, k2, yo, k1; rep from * to last 2 sts, k1, then k1 (edge st).
Row 5: K1 (edge st), k2tog, yo, *k1, yo, k1, slip 1 st knitwise, k2tog, pass slipped st over the knit stitch, k1, yo, k1, yo, slip 1 st knitwise, k2tog, pass slipped st over the knit stitch, yo; rep from * to last 10 sts, k1, yo, k1, slip 1 st knitwise, k2tog, pass slipped st over the knit stitch, k1, yo, k1, yo, slip 1 st knitwise, k1, pass slipped st over the knit stitch, k1 (edge st).
Repeat these 6 rows for pattern.

<花样A>

起针：10针的倍数＋3针（两端各含1针边针）

●sk2p(o)=（将下一针）以下针的入针方式移至右棒针上，接着编织左上2针并1针，再将刚才移至右棒针上的针目覆盖在已织针目上=右上3针并1针

第1行（正面）：1针下针（边针），【1针下针，挂针，3针下针，（将下一针）以下针的入针方式移至右棒针上，接着编织左上2针并1针，再将刚才移至右棒针上的针目覆盖在已织针目上，3针下针，挂针】，重复【~】至最后剩2针，1针下针，再1针下针（边针）。
第2行以及所有的偶数行：1针下针（边针），编织上针至最后剩1针，1针下针（边针）。
第3行：1针下针（边针），【2针下针，挂针，2针下针，（将下一针）以下针的入针方式移至右棒针上，接着编织左上2针并1针，再将刚才移至右棒针上的针目覆盖在已织针目上，2针下针，挂针，1针下针】，重复【~】至最后剩2针，1针下针，再1针下针（边针）。
第5行：1针下针（边针），左上2针并1针，挂针，【1针下针，挂针，1针下针，（将下一针）以下针的入针方式移至右棒针上，接着编织左上2针并1针，再将刚才移至右棒针上的针目覆盖在已织针目上，1针下针，挂针，1针下针，挂针，（将下一针）以下针的入针方式移至右棒针上，接着编织左上2针并1针，再将刚才移至右棒针上的针目覆盖在已织针目上，挂针】，重复【~】至最后剩10针，1针下针，挂针，1针下针，（将下一针）以下针的入针方式移至右棒针上，接着编织左上2针并1针，再将刚才移至右棒针上的针目覆盖在已织针目上，1针下针，挂针，1针下针，挂针，（将下一针）以下针的入针方式移至右棒针上，接着编织1针下针，再将刚才移至右棒针上的针目覆盖在已织针目上，1针下针（边针）。
重复第1~6行形成花样。

编织用语缩写一览表

缩写	完整的编织用语	中文翻译
k	knit	下针
kwise	knitwise	以下针的方式（入针）
p	purl	上针
psso	pass (slipped stitch) over	（将移至右棒针上的针目）套收，覆盖
rep	repeat	重复
RS	Right Side	正面
sl	slip	移过针目
st(s)	stitch(es)	针目
WS	Wrong Side	反面
yo	yarn over	挂针
–	multiple	倍数

< Pattern B >

multiple of 6 sts + 3 sts (including 1 edge st on each side)

● s2kp(o) = slip 2 sts together knitwise, k1, pass slipped sts over the knit stitch

Row 1 (RS): Knit to end.
Row 2 (WS): K1, purl to last st, k1.
Rows 3 & 4: Rep Rows 1 and 2.
Row 5: K2, rep (yo, k1) to last st, k1.
Row 6: Knit to end.
Row 7: K3, *k3, (slip 2 sts together knitwise, k1, pass slipped sts over the knit stitch, return 2 sts back to LH needle) twice, slip 2 sts together knitwise, k1, pass slipped sts over the knit stitch, k4; rep from * to end.
Row 8: K1, purl to last st, k1.
Repeat these 8 rows for pattern.

西村知子（Tomoko Nishimura）：
幼年时时开始接触编织和英语，学生时代便热衷于编织。工作后一直从事英语相关工作。目前，结合这两项技能，在举办英文图解编织讲习会的同时，从事口译、笔译和写作等工作。此外，拥有公益财团法人日本手艺普及协会的手编师范资格，担任宝库学园的"英语编织"课程的讲师。著作《西村知子的英文图解编织教程+英日汉编织术语》（日本宝库社出版，中文版已由河南科学技术出版社引进出版）正在热销中，深受读者好评。

<花样B>

起针：6针的倍数 + 3针（两端各含1针边针）

● s2kp(o) = 以下针的入针方式在2针里插入右棒针，一次性移过针目，接着在下一针里编织下针，再将刚才移至右棒针上的2针覆盖在已织针目上 = 中上3针并1针

第1行（正面）：编织下针至最后。
第2行（反面）：1针下针，编织上针至最后剩1针，1针下针。
第3、4行：重复第1、2行。
第5行：2针下针，重复"挂针，1针下针"至最后剩1针，1针下针。
第6行：编织下针至最后。
第7行：3针下针，【3针下针，"以下针的入针方式在2针里插入右棒针，一次性移过针目，接着在下一针里编织下针，再将刚才移至右棒针上的2针覆盖在已织针目上，将右棒针上的2针移回左棒针上"编织2次，再次以下针的入针方式在2针里插入右棒针，一次性移过针目，接着在下一针里编织下针，再将刚才移至右棒针上的2针覆盖在已织针目上，4针下针】，重复【~】至最后。
第8行：1针下针，编织上针至最后剩1针，1针下针。
重复第1~8行形成花样。

小香风时尚开衫

小香风外套是优雅外出毛衫的代名词。分别编织2种花样的织片，然后缝合起来。选择混合色调的线材，独特的设计也非常适合休闲的穿搭风格。

设计／大田真子　制作／须藤晃代
编织方法／154页
使用线／奥林巴斯

photograph Shigeki Nakashima styling Kuniko Okabe,Yuumi Sano hair&make-up Daisuke Yamada model Luka(167cm),Leo(184cm)

秋日毛衫
出街穿搭

外搭毛衫的穿着时间短暂，那就早点编织，尽情享受毛衫主打的季节吧。

可甜可咸的镂空花样套头衫

使用2种不同粗细的线，身片部分用棒针编织，衣袖、领窝、下摆用钩针编织，这是一款结合了棒针编织和钩针编织的设计。镂空花样恰到好处的优雅气息加上偏粗的钩针编织部分，正契合时下可甜可咸的穿搭风格。

设计/岸 睦子
编织方法/151页
使用线/奥林巴斯

落肩灯笼袖休闲风毛衫

肩部稍稍加长的落肩设计加上灯笼袖，这款女士毛衫的魅力在于休闲随性、自然舒适的独特风格。从胸围线开始加针，段染线渐变的间距随之变化，演绎出别样的纹理效果。

设计 / 冈 真理子　制作 / 大西二叶
编织方法 /156 页
使用线 /Ski 毛线

多色条纹复古风男士毛衣

在空前高涨的复古热潮下，20世纪60年代的时尚正在复苏！钩针编织的多色条纹毛衫洋溢着怀旧的气息，却是当下流行的最新单品。用冬季线材钩编的男士毛衣极富存在感，外搭穿着格外抢眼。

设计 / 河合真弓　制作 / 松本良子
编织方法 /158 页
使用线 /Ski 毛线

从上往下编织的
圆育克包臀开衫

宽松版型的毛衫今年依然很受欢迎。从上往下编织的开衫无须缝合处理，胁部也很平整，穿着舒适。在下针条纹中加入拉针编织的泡泡针是这款作品的一大亮点。

设计 /yohnKa
编织方法 /172页
使用线 /手织屋

复古又可爱的孔雀图案短款毛衫

传统的可爱花样经过时间的洗礼，如今又焕发出新的活力。孔雀图案中带着小花的配色花样是将拉针编织成V形完成的。偏短的衣长加上插肩袖的设计，感觉就像裁剪缝制的针织衫，穿着非常方便。

设计/西村知子
编织方法/162页
使用线/手织屋

等针直编的V领背心

粗针粗线编织的背心十分保暖，松软的线材轻得让人吃惊。胁部环形等针直编，露出手臂的地方呈分开的状态。领口也是等针直编，结构非常简单。真想再编织一件同款不同色的背心。

设计 /YOSHIKO HYODO
制作 /山田加奈子
编织方法 /166 页
使用线 /内藤商事

渐变横条纹时尚
套头衫

这款套头衫整体使用了穿过左针的盖针，类似网眼的镂空花样充满设计感。落肩的灯笼袖更是增添了时尚感。段染线的渐变效果也非常漂亮。

设计/奥住玲子
编织方法/164页
使用线/内藤商事

菱形花样V领
男士背心

背心用钩针编织了传统的阿盖尔菱形花样，下摆、袖口和衣领的罗纹针部分用棒针编织得比较紧致，伸缩性完全没有问题。与长针的组合应用新颖别致，富有个性。

设计/冈本启子　制作/宫本宽子
编织方法/167页
使用线/钻石线

设计师款翻领
厚开衫

短款外套特别有分量感，充满时尚气息。运用滑针编织的厚实的条纹花样和配色花样的组合设计别有一番趣味。

设计/AmuHearts工作室　森 静代
编织方法/170页
使用线/钻石线

photograph Hironori Handa styling Masayo Akutsu hair&make-up Misato Awaji
model Dante(176cm)

志田瞳
优美花样毛衫编织新编⑲

可单穿可叠穿的菱形花样半袖套头衫

选自中文版《志田瞳优美花样毛衫编织4》
原作是长款开衫，纵向排列的花样令人印象深刻。

当秋风拂过，有种今年又见面了的喜悦感，心弦被风儿拨动，泛起一丝丝涟漪。这个秋季也赶快开始编织吧。

本期的改编作品选自中文版《志田瞳优美花样毛衫编织4》，原作是长款开衫，这里改编成了短款的半袖套头衫，也可以当作罩衫叠穿。开衫的花样由3种纵向花样以及上针构成，改编的套头衫沿用了所有花样，只是增加了下针。身片胁部和衣袖改变了编织方向，为整体设计增添了变化。

线材是100%羊毛线，柔软且富有韧性。颜色选择了深绿色。版型上考虑到叠穿的情况，身片和衣袖都编织得比较宽松。身片中心灵活使用了菱形花样，通过连续排列打造出了与原来的开衫截然不同的纹理效果。

像这样通过花样的重新组合演变出各种新的花样是一件令人非常期待和心动的事情。大家也不妨在花样的某处加入自己的创意改编，或者换一种颜色，或者使用不同粗细的毛线调整尺寸，尝试创作更多的作品吧。

detail（细节说明）

前、后身片的中心是连续排列的菱形花样，花样与花样之间又形成更大的菱形图案。在加入锯齿蕾丝的变形菱形中，2针的锯齿交叉针左右对称，像极了蜂巢花样。身片中心与胁部的交界处和开衫一样用变形麻花分隔开。肩部做盖针接合，胁部和衣袖的花样从前、后身片的行上挑针后横向编织。身片的胁部和衣袖连起来重复编织变形的麻花花样和1针4行的桂花针。

边缘编织简单的双罗纹针，注意身片部分解开起针时的另线挑针，胁部从行上挑针，再编织出前后差，可以根据个人喜好自由调整长度。

选自中文版《志田瞳优美花样毛衫编织4》
制作 /Keiko Makino
编织方法 /180页
使用线 /钻石线

毛线中经常用到各种动物的毛。
今年秋天我们尝试用羊毛之外的毛线编织了两款作品。

photograph Hironori Handa styling Masayo Akutsu
hair&make-up Misato Awaji model Dante(176cm)

你知道编织毛线中使用的兽毛都是哪些动物的毛吗？

最常见的是羊毛。产自澳大利亚和新西兰的美利奴羊毛众所周知。特点是具有良好的保湿性、防水性、透气性，以及舒适的手感。其次是用于顶级毛衫的羊绒。这是产自中国、蒙古、尼泊尔高地的山羊毛，1头羊只能收获约200g的羊绒。再高级一点的是骆马绒，取自有"安第斯女王"之称的骆驼科动物骆马，每头骆马只能获取极少量的毛，分外珍贵，因此被誉为"神之纤维"。阿玛尼还可以用骆马绒面料定制西服，据说价格高达850万日元（约合人民币41.6万元）！难怪被称为"神之纤维"。还有安哥拉兔毛。安哥拉兔虽然是兔子，毛发却比普通兔子长。因为兔毛鳞片边缘光滑且翘角小，所以其织物存在容易掉毛的缺点。但是，毡化处理后又可以变成高级的毛毡面料。此外，我们还会用到各种各样的毛，譬如骆驼毛、羊驼绒、美洲驼毛、牦牛毛、安哥拉山羊毛、貂毛……

本期作品中使用的RACCOON线就是用貉子毛加工的。毛纤维比安哥拉兔毛更长、更柔软。因为是用珍贵的中国貉子毛制作而成，可以锁住空气，蓬松柔软，所以将这款线命名为"AIRY RACCOON"。颜色以自然色调为主。本期的背心和开衫就使用了这款偏粗的毛线，可以快速编织完成，可爱的后背是设计的亮点。

下一期的冬季刊，我们将继续为大家介绍兽毛纤维，敬请期待！

冈本启子（Keiko Okamoto）
Atelier K's K的主管。作为编织设计师及指导者，活跃于日本各地。在阪急梅田总店的10楼开设了店铺K's K。担任公益财团法人日本手艺普及协会理事。著作《冈本启子钩针编织作品集》《冈本启子棒针编织作品集》（日本宝库社出版，中文简体版均由河南科学技术出版社引进出版）正在热销中，深受读者好评。

线名/AIRY RACCOON

点缀立体小花的网眼花样系带开衫

第72页作品/以流行的网眼花样为基础，缝上宛如郁金香的小花，煞是可爱。系带开衫可以随意穿搭，非常方便。
制作/中川好子
编织方法/175页
使用线/K's K

设计独特的浮雕花样背心

本页作品/大面积的浮雕花样令人印象深刻。纵向的镂空条纹使肩部呈现漂亮的落肩效果。背心后面的大开口设计更是让人过目难忘。
制作/森下亚美
编织方法/178页
使用线/K's K

苏格兰新地标：V&A邓迪博物馆

撰文／奥田实纪

集结了苏格兰优秀设计作品的"苏格兰设计画廊"

1/费尔岛毛衣，1920—1930年（M.柯克夫人捐赠），用2股羊毛线手工编织而成。英国原本土军总司令官沃尔特·柯克（Walter Mervyn Kirke）将军打高尔夫时穿着。©Victoria & Albert Museum, London

2/设得兰披肩，作者不明。V&A Explore The Collections (vam.ac.jp)

3/滑雪套装（上衣是针织衫），1968年。上衣是苏格兰普林格公司（Pringle）生产的，滑雪裤是瑞士克罗伊多尔公司（Croydor）生产的。1930年代，原是袜子厂商的普林格公司因其生产的套装深受琼·克劳馥（Joan Crawford）和格蕾丝·凯莉（Grace Kelly）等著名女演员的喜爱而闻名世界。©Victoria & Albert Museum, London

4/晚礼服。苏格兰设计师比尔·吉布（Bill Gibb）1972年设计的作品。印花棉布，皮革饰边。©Victoria & Albert Museum, London

1851年，伦敦举办了首届世界博览会。维多利亚和阿尔伯特博物馆（Victoria & Albert Museum，简称V&A）就是在世界博览会的收益和展品基础上成立的，在装饰美术和设计领域拥有的藏品数量在全世界都名列前茅。2018年，其分馆终于在苏格兰的邓迪（Dundee）正式开放了，以"通过设计丰富人生"为理念，藏品涵盖时装、绘画、建筑、玻璃制品、家具、纺织品等众多领域。因为这是苏格兰第一家专门以设计为主题的博物馆，所以集结了苏格兰优秀设计作品的"苏格兰设计画廊"是博物馆的核心区域。其中，查尔斯·雷尼·马金托什（Charles Rennie Mackintosh）设计的茶室经过修复和重建堪称V&A邓迪博物馆的镇馆之宝，参观者无不感到震撼。

马金托什的设计曾经深深影响过无数建筑师，此次设计了V&A邓迪博物馆的隈研吾就是其中之一。博物馆的建筑规划地点位于泰河（River Tay）河畔，罗伯特·法尔肯·斯科特（Robert Falcon Scott）去南极探险时使用的科考船"发现号"就停泊在那里。隈研吾以该船为模型进行了设计，就像要启航探险一般，建筑物的一部分延伸至泰河之上。此外，博物馆的外观也呼应了苏格兰沿岸的悬崖峭壁，打造出建筑与自然融为一体的视觉效果。预制混凝土板在改变角度水平重叠时，随着太阳光及时间变化，建筑的外立面就会形成富有变化的光影效果，这还要拜现代建筑技术所赐。

不仅如此，邓迪作为港口城市曾经非常繁荣，却因为仓库群将城市与海滨空间分隔。而博物馆的建设将这些仓库群一扫而空。隈研吾还在建筑物的中间设计了一个大拱门，水平贯穿的外部人行道象征着城市与海滨之间的联系纽带。不仅增加了悬崖般的陡峭感，也是人们通行和休憩的空间。

这是隈研吾在英国设计的第一个建筑项目，在建筑设计领域也备受关注。相信博物馆本身连同馆内的收藏品都会带给我们很多的灵感。

隈研吾与V&A邓迪博物馆

欧洲编织21
Let's knit series
精心搭配的
编织

日本宝库社 编著
蒋幼幼 译

时尚毛衫和个性包包的
绝美搭配，让你成为别
致亮点，尽享出行快感。

欧洲编织22
Let's knit series
优雅随性的
编织

日本宝库社 编著
蒋幼幼 译

轻盈舒适
美观致
时尚潮流

简约舒适的
风工房经典手编作品集

[日] 风工房 著
蒋幼幼 译

那须早苗的编织衣橱

[日] 那须早苗 著
蒋幼幼 译

冈本启子的
四季钩编包包

CROCHET BAG

[日] 冈本启子 著
蒋幼幼 译

美丽的秋冬手编衣
29 款
闲尚秋冬钩织

marché
编织
花园6
怦然心动的
美妙编织

简单也能钩出可爱
应季时尚编织

这给家人的编织小物

小花花片
用棉线编织的小物

人编织部

唯美
手编
14

配色温柔的
毛衫和小物

日本宝库社 编著
蒋幼幼 译

开衫
套头衫
背心
围巾
披肩手套
室内鞋和短靴
共 25 款

BRIOCHE

简单易懂的
双色双面元宝针编织

[德] 贝恩德·凯斯特勒 著　蒋幼幼 译

KNITTING

32 款优雅的
家居蕾丝钩织

附简单易懂的蕾丝钩织基础教程

从小钩饰到整件
共 32 款作品

12 种缎带针法钩织的
植物花朵及其百变组合

小仓幸子的花朵缎带绣

[日] 小仓幸子 著
于蕾 译

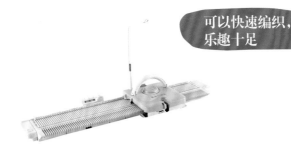

面向初学者的
新编织机讲座 ❼

本期的主题是"引返编织"。
虽然比较简单，却是必须掌握的重要技巧。

photograph Hironori Handa styling Masayo Akutsu hair&make-up Misato Awaji model Dante(176cm)

民族风落肩袖
圆领套头衫

简单的下针编织加上换色拼接，编织出了
这款套头衫。胁部的拼条用引返编织的方
法编织成类似梯形的形状。手工编织的难
度比较大，但是编织机用简单的操作就能
顺利完成引返编织。

设计／奥村利惠子（银笛编织研究会）
编织方法／183页
使用线／钻石线

条纹花样粗线包肩背心

这款背心的斜肩做引返编织，身片是下针编织，充分发挥了线材的特性。使用了比较粗的毛线编织，所以很快就能完成。手感松软，自然形成的条纹感觉也很棒。

设计/奥村利惠子（银笛编织研究会）
编织方法/182页
使用线/Rich More

新编织机讲座

用编织机做引返编织一定要记得调节罗塞尔杆，
操作起来并没有那么难。
要领是挂线时不要太松。
学会引返编织后，无论是编织斜肩还是编织喇叭形都能游刃有余！

摄影/森谷则秋

留针的引返编织（使用下针侧，斜肩）

1
在没有编织线的一侧将留针数量的机针推出至D位置。

2
将罗塞尔杆拨至集圈位置，编织1行。

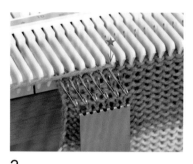

3
此时编织线挂在推出的机针上。

4
用手指捏住渡线，使其从机针★的下方穿出。

5
编织线不能太松，接着编织1行。

6
有1个线圈挂在了针目★的前面。

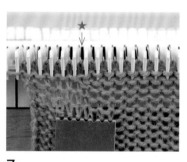

7
重复步骤1~5。最后将罗塞尔杆拨回平针位置，编织1行（消行）。

留针的引返编织（使用上针侧，套头衫的胁部）

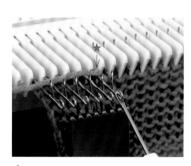

1
按"使用下针侧"的步骤1~3的要领编织后，用移圈针取下★的针目。

2
交换位置，使编织线从移圈针上的针目下方穿出。

3
将针目移回机针上，确认编织线松紧适中，接着编织1行。

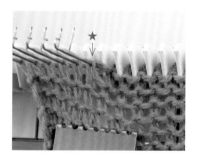

4
有1个线圈挂在了针目★的后面。这样操作后，使用上针侧为正面时，挂针也会出现在织物的反面。重复步骤1~3。最后将罗塞尔杆拨回平针位置，编织1行（消行）。

加针的引返编织（使用下针侧）

1
所有针目编织1行。在有编织线的一侧将要编织的机针留在B位置。将剩下的机针推出至D位置，再将罗塞尔杆拨至集圈位置，编织1行。

2
此时编织线挂在了推出的机针上。

3
用手指捏住渡线，使其从机针★的下方穿出。

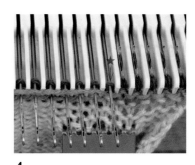

4
确认编织线松紧适中，接着编织1行。

5
有1个线圈挂在了针目★的前面。

6
将接下来要编织的机针推回C位置，编织1行。

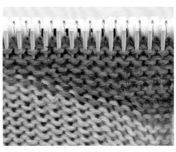

7
重复步骤2~6。

加针的引返编织（使用上针侧，套头衫的胁部）

1
按"使用下针侧"的步骤1、2的要领编织后，用移圈针取下针目★。

2
交换位置，使编织线从移圈针上的针目下方穿出。

3
将针目移回机针上，确认编织线松紧适中，接着编织1行。

4
有1个线圈挂在了针目★的后面。这样操作后，使用上针侧为正面时，挂针也会出现在织物的反面。

银 LK150 | 梦 想
笛 SK280 | 编织机

专业设计之选

嗨！大家好，我是曲辰，一名毛衣设计师。从前，我总是手工织毛衣，进度有点慢，好几次都想要放弃了。直到有一天，我遇到了"银笛家用毛衣编织机"！这个东西真是神奇，简单又高效，而且视频教程很详细，让我轻松实现了梦想中的毛衣创作。我不仅成了编织达人，还得到了大家的赞赏和事业提升的机会。所以我向大家推荐这款机器，让你轻松编织出更有创意的作品！快来直播间和我们一起刷！刷！刷！

探访瑞典的赫尔辛兰地区

撰文/Hiroko Matsubara

被列入《世界遗产名录》的彩饰农舍的其中1个小屋。整面墙壁装饰着刻板印花图案，家具上也绘制了花卉等图案

从瑞典首都斯德哥尔摩往北3小时左右车程即可抵达赫尔辛兰地区，那里的彩饰农舍建筑群非常有名，已被列入《世界遗产名录》。赫尔辛兰就在我居住的达拉纳省的隔壁，听说不仅有精美的民族服装和美妙的民族音乐，还有羊毛纺织厂和亚麻工厂等，于是2022年夏天和朋友做了一次短途旅行。乍一听"彩饰农舍"并没有什么概念，实地探访后，感觉这些被列入《世界遗产名录》的农舍不亚于大户人家的宅邸，广阔的面积内坐落着很多功能各异的小屋，可见主人曾经是拥有几十个雇工的富农。

赫尔辛兰的富裕源于17~19世纪鼎盛时期的制麻产业。说是麻，其实欧洲栽培的是亚麻。在当时还没有棉花的瑞典，亚麻与羊毛一样都是极为重要的纤维。富含水分和石灰质的轻土壤非常适合种植亚麻，听说距今300年前赫尔辛兰就有一家欧洲最大的亚麻工厂，一直向瑞典皇家以及整个欧洲的王室提供亚麻制品。除了栽培亚麻的农户，还有将亚麻纺成纱线，以及将亚麻线织成布匹的纺织工人等，从事亚麻产业的人非常多。鼎盛时期工厂的从业人员达到了200人，没去工厂上班而在附近的家里纺织麻线的女性也有1900人，可以想象规模之大。

如今已经不再使用国产的原材料了，即使在"亚麻王国"赫尔辛兰，也仅剩瑞典唯一的一家公司仍在坚持生产纯亚麻制品。那就是在日本也很有名的Växbo Lin公司。虽然生产过程已经实现了机械化，但是将经线穿过杼眼，再将纬线送入拉紧的经线，这样的操作以及传统纹样等与手织的如出一辙。大家可以跟随向导或者自己进入工厂内部参观。

瑞典各个地区都保留了传统的刺绣和编织技艺，而赫尔辛兰的传统艺术是其中最具有装饰性的。比如在纯白色的墙面上绘制壁画，将亚麻制作成吊灯一样的装饰品，民族服装也非常精美。应该是亚麻产业的发展带来的富足生活孕育出了家家户户的装饰艺术吧，真想亲眼看看当时的生活场景。

1/晒干的麻绳与花楸的红色果实组合在一起的装饰物，是一种具有农家气息的室内装饰品，非常受欢迎。上端王冠的造型也很不错。后面是小块的麻布装饰帘，白色底布上的红色可爱花朵图案是有名的代尔斯布刺绣（Delsbosöm）
2/从事亚麻产业的人们大多生于1800年代。她们手里拿的是梳理过的麻条
3/在Växbo Lin的工厂，可以近距离观看生产过程中的布匹。这个织纹叫作Gåsögon（意思是鸟的眼睛，英文中也叫Bird's eye）
4/位于赫尔辛兰的一家手工艺品店（Hemslöjd）。墙面上是仿照刻板印花图案的现代壁纸，与裂织地毯、Ripsvävar（细经粗纬交织的棱纹织物）、Rosengång（一种提花织物）等织物摆放在一起，就更加让人着迷了
5/直接织入麻秆的物品也很常见。一颗颗悬挂的蒴果（里面有种子）十分可爱
6/工厂里还兼营零售店，运气好也许可以在打折促销时买到物美价廉的商品

编织师的极致编织

【第47回】好像解开了，又没有完全解开，"编织的智力环"

丁零当啷，呲哩嚓啦
好像解开了，又没有完全解开
2种形状的金属环
环环相扣

看上去很简单的形状
好像稍微动一下就能解开
丁零当啷，呲哩嚓啦
好像解开了，又没有完全解开

本想编织间隙放松一下
不知不觉较起真来

转，拧，穿
额嗯……

解开后特有成就感
太棒啦！

话说，下一关会更难哟

编织师203gow：
持续编织非同寻常的"奇怪的编织物"。成立让编织充满街头的游击编织集团"编织奇袭团"，还涉足百货店的橱窗、时尚杂志背景、美术馆、画廊展示等的设计以及讲习会等活动。

文、图/203gow 作品

编织方法图的看法

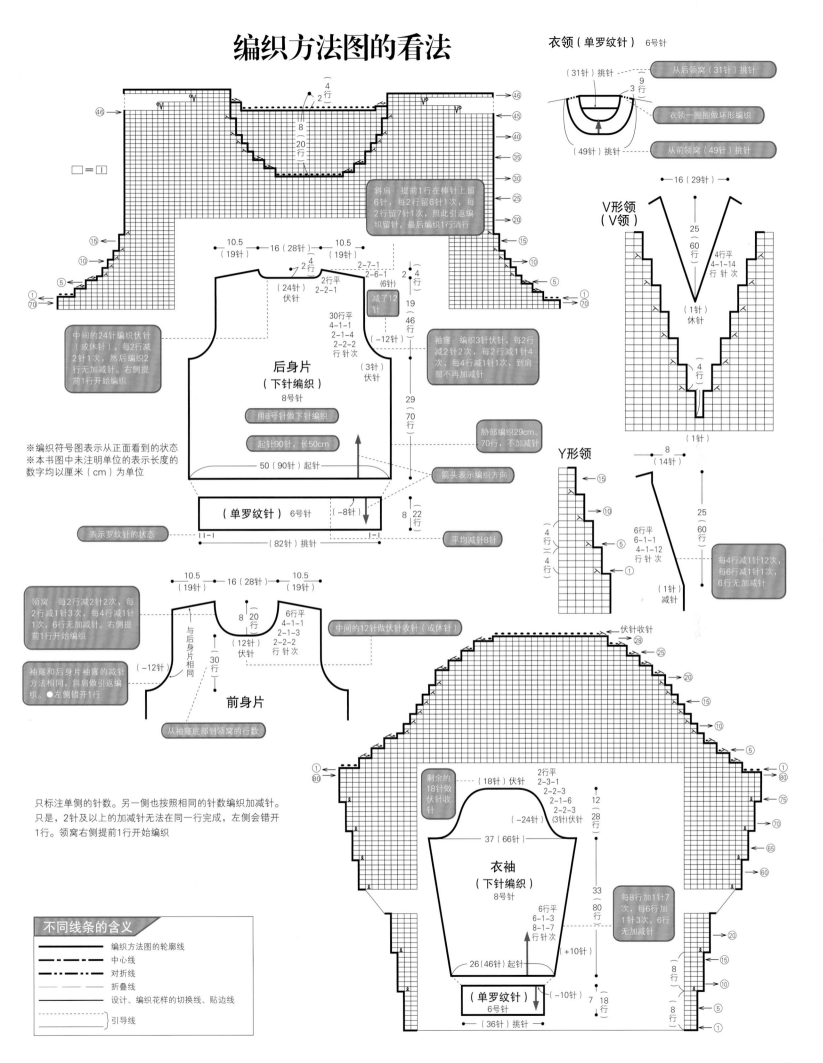

衣领（单罗纹针）6号针

从后领窝（31针）挑针

（31针）挑针

衣领一圈圈做环形编织

从前领窝（49针）挑针

（49针）挑针

□=□

斜肩：提前1行在棒针上留6针，每2行留6针1次，每2行留7针1次，照此引返编织留针，最后编织1行消行

中间的24针编织伏针（或休针），每2行减2针1次，然后编织2行无加减针。右侧提前1行开始编织

10.5（19针）　16（28针）　10.5（19针）

（24针）伏针

2-7-1 2行平 2-6-1 2-2-1（6针）

减了12针

30行平 4-1-1 2-1-4 2-2-2 行针次

后身片（下针编织）8号针

用8号针做下针编织

起针90针，长50cm

50（90针）起针

袖隆：编织3针伏针，每2行减2针2次，每2行减1针4次，每4行减1针1次，到肩部不再加减针

（3针）伏针

肋部编织29cm、70行，不加减针

※编织符号图表示从正面看到的状态
※本书图中未注明单位的表示长度的数字均以厘米（cm）为单位

箭头表示编织方向

表示罗纹针的状态

（单罗纹针）6号针

（-8针）

平均减针8针

（82针）挑针

V形领（V领）

←16（29针）→

25（60行）

（1针）休针

4行平 4-1-14 行针次

（1针）

Y形领

8（14针）

6行平 6-1-1 4-1-12 行针次

25（60行）

每4行减1针12次，每6行减1针1次，6行无加减针

（1针）减针

领窝：每2行减2针2次，每2行减1针3次，每4行减1针1次，6行无加减针。右侧提前1行开始编织

袖隆和后身片袖隆的减针方法相同，斜肩做引返编织。●左侧错开1行

10.5（19针）　16（28针）　10.5（19针）

与后身片相同

30行

（-12针）

8（20行）

（12针）伏针

6行平 4-1-1 2-1-3 2-2-2 行针次

中间的12针做伏针收针（或休针）

前身片

从袖隆底部到领窝的行数

只标注单侧的针数。另一侧也按照相同的针数编织加减针。只是，2针及以上的加减针无法在同一行完成，左侧会错开1行。领窝右侧提前1行开始编织

伏针收针

剩余的18针做伏针收针

（18针）伏针

2行平 2-3-1 2-1-6 2-2-3（3针）伏针

（-24针）

37（66针）

衣袖（下针编织）8号针

每8行加1针7次，每6行加1针3次，6行无加减针

6行平 6-1-3 8-1-7 行针次

12（28行）

33（80行）

26（46针）起针

（+10针）

（单罗纹针）6号针

（-10针）

7（18行）

（36针）挑针

8行

8行

不同线条的含义

——	编织方法图的轮廓线
—·—·—	中心线
—··—··—	对折线
— — —	折叠线
——	设计、编织花样的切换线、贴边线
·······	
——	引导线

毛线世界

编织符号真厉害

第25回　必学符号？！　中上3针并1针【棒针编织】

了不起的符号 ①　掌握后会很方便的中上3针并1针

中上3针并1针

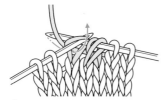

不编织，直接将2针移至右棒针上

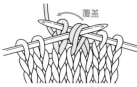

1 如箭头所示从2针的左侧插入右棒针，不编织直接移过针目。

2 在第3针里插入棒针，挂线后拉出。

覆盖

3 将前2针覆盖在第3针上。

4 中上3针并1针完成。

了不起的符号 ②　适合编织迷？每行都要操作花样

中上3针并1针（从反面编织的情况）

2 1

1 按1、2的顺序如箭头所示插入棒针，不编织，依次移过针目。

2 如箭头所示插入左棒针，移回针目。

3 如箭头所示插入右棒针。

4 在3针里一起编织上针。从正面看就是中上3针并1针。

虽然编织的基本要领相同还是感觉有点难……

了不起的符号 ③　基本要领相同的拓展应用

中上5针并1针

扭针的中上3针并1针

你是否正在编织？我是对编织符号非常着迷的小编。盼望已久的季节终于来了。虽然还是很热，对于编织爱好者来说已经是令人欣喜的季节了。那么，在天气转凉前尽可能多地编织作品吧！

本期的主题是棒针编织里的"中上3针并1针"。编织这一针法后就会一次性减少2针。也可以说是2针并1针的加强版吧。要问为什么是"中上"呢？从符号的外形也可以推测出来，因为3针里中间的针目呈直立的状态。总之，中间穿出1针的这个四平八稳的符号是不是让人着迷？符号本身也很酷。

这个针法的用途很多，既可以用在花样中，也可以用于帽子的分散减针。特别是在镂空花样中，说是常规针法也不为过。通常与挂针搭配使用。减少的2针要通过加入2针挂针才能抵消。挂针部分变成小孔，就自然呈现出花样了。

编织方法的基本要领是"移过2针，编织1针，覆盖2针"，记住这一点就可以了。用这个基础方法可以编织大部分的花样，但是设得兰蕾丝等作品中每行都要操作的情况还必须学会"从反面编织"的方法。交换针目的位置，操作后使其从正面看呈中上3针并1针。如果大家学有余力，不妨一试。

作为针法的拓展应用，还有中上5针并1针和扭针的中上3针并1针等，思路与基础的中上3针并1针相同。无论是哪种，只要中间的针目呈直立状态就行。这些符号在花样中并不常见，但是只要看到"中上"二字就能马上领会吧。

需要注意的是毛衫袖窿和领窝减针的情况。想要尽可能地加入中上3针并1针的花样完全可以理解，但是如果加在织物的边端，有时就会出现针数不符的问题。因为大部分花样都是并针与挂针搭配使用的。这种情况下，可以改成2针并1针对花样进行适当调整。

编织过程中，当你意识到"啊，对了，这里要小心"，说明你已经深谙其道了。这就是让人着迷的中上3针并1针，针目的变化清晰明了，可以切实感受到编织的乐趣。大家不妨试试吧。

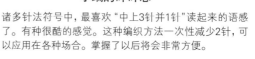

小编的碎碎念

诸多针法符号中，最喜欢"中上3针并1针"读起来的语感了。有种很酷的感觉。这种编织方法一次性减少2针，可以应用在各种场合。掌握了以后将会非常方便。

毛线世界

时尚达人的手艺时光之旅：
战后时尚达人的手编机人生

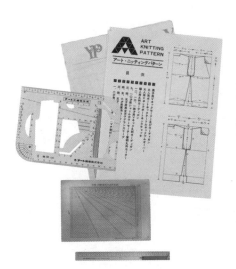

"纯子编织中心"的展示会

学习沙龙中使用的手编机图纸和制图工具

早期的兄弟牌手编机

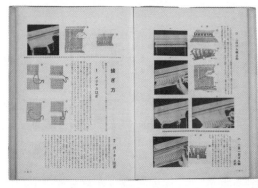

学习沙龙中使用的《艺术编物全集》

彩色蕾丝资料室　北川景
日本近代西洋技艺史研究专家。为日本近代手工艺人的技术和热情所吸引，积极进行着相关研究。拥有公益财团法人日本手艺普及协会的蕾丝师范资格，是一般社团法人彩色蕾丝资料室的负责人。担任汤泽屋艺术学院蒲田校区、浦和校区的蕾丝编织讲师。还在神奈川县汤河原经营着一家彩色蕾丝资料室。

在彩色蕾丝资料室，除了可以听到手工艺相关的逸闻趣事，还可以看到受赠的古董工具。本期将为大家介绍二战后与手编机共创事业的时尚达人的人生。

在日本兵库县淡路岛出生成长的大村纯子大约 10 岁的时候非常喜爱制作人偶和娃衣。1952年左右，附近有熟人从事机器编织的工作，她将拆下的毛线用蒸汽烫直后拿过去就可以定制毛衣。因为对表姐上课的编织教室产生兴趣，高中毕业后就去了机器编织教室以及洲本文化服装学校进行学习，之后做了公司文员。

那时，一位强烈推荐编织资格认证考试的老师对她说"跟着我学 3 年吧"，于是大村纯子开始了一边工作一边往返大阪上课的日子。早上 4 点坐船从淡路岛出发，到大阪需要 5 小时。有时还要携带手编机去上课。在老师的鼓励和亲朋好友的支持下学习了 9 年。当时手编机、蕾丝编织以及其他手工编织的学习沙龙特别盛行，也有很多参考书不断出版上市，真是学得不亦乐乎。除了通过编织资格 1 级认证，她还学会了插花、和服穿戴、编绳等各种技艺。

在这期间，为了白天工作的女性，她在自己家里开设了夜间编织教室，不仅教授编织，还会相互探讨职业女性的未来。2 年后，她和编织技艺以外的资格认证获得者开办了名为"纯子编织中心"的学校。学校的宗旨是重视各种手工艺基础，为教学双方提供安心放松的场所，学生多达100 名，不久便发展成人气很高的编织中心。

另外，她自己的学习从未间断。在高谷芳子的推荐下，作为东京编织专业培训讲座第 1 期的学生，师从安藤武男老师 2 年，学习了立体原型和衣袖的原理以及应用变化等。之后，她将编织教室托付给了后辈，自己去了东京的 Dia Tricot 株式会社。在无须假缝的针织世界，用 1 根线就能编织成型，使用特殊编织技术制作的针织衫可以满足不同体形的客户，真是再好不过的学习了，这让她感到无比幸福。

大村老师告诉我们，从业 22 年后的她，如今已经退休了。相信在任何时代，在 1 根线就可以与任何人建立联系的手作世界，通过不断磨炼感受力，一定可以度过优雅且充实的人生。

这么说起来，
以前是怎么编织边针的？

边针的处理

棒针编织时，大家是如何处理边针的？
虽然缝合后是看不到边针的，但是需要考虑的因素却异常多。
正确答案并非唯一，试试找到最适合自己的边针的编织方法吧！

摄影/森谷则秋

其一　挑针缝合的情况，如何处理边针？

挑针缝合后看不到的边上1针应该如何编织？
下面对几种方法做了比较。
想一想各种方法的优点和缺点吧。

横向渡线配色花样的边针

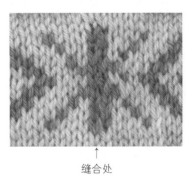   

↑
缝合处

对重复编织花样至边端的织片进行挑针缝合

↑
缝合处

对边上2针使用相同颜色编织的织片进行挑针缝合

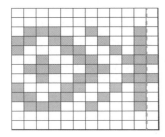 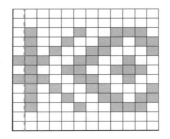 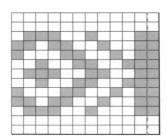 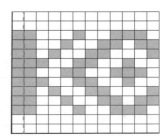

　　《毛线球》中费尔岛等配色花样的边针都是结合花样的重复进行设计的。编织起点位置不在右端时也往往会在基础符号图中进行标注，花样的重复保持连续状态更有利于读者理解。

　　实际做挑针缝合时，挑取下线圈（针目与针目之间的渡线）。因为反面有交叉的渡线，初学者可能很难确定挑哪一根线。

　　如果上过编织课，应该有很多人学习过边上2针使用相同颜色编织的方法。按这种方法编织后做挑针缝合时，下线圈的颜色一定与相邻针目相同，不仅容易辨别，也更方便用缝针挑取对的那根线。

　　不过，编织时必须注意符号图的看法。编织起点位置不在符号图的右端时，实际上的边针如果与相邻的1针配色不同，花样的重复和中心就会发生错位。

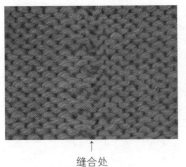
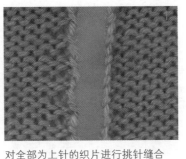

↑
缝合处

对全部为上针的织片进行挑针缝合

↑
缝合处

对边上1针编织下针的织片进行挑针缝合

如果编织图中写着"上针编织",那么正面看上去所有针目都是上针。这种情况,编织起来倒是没有什么特别的问题,因为是上针对上针进行挑针缝合,织片的边缘往往向内卷曲。初学者也许会觉得这种状态下很难操作。

作为改善措施,也可以将边上1针编织成下针。这样一来,只有边上1针的针法相反,注意不要忘记。挑针缝合时,因为边上1针是下针,可以缓解织片卷曲的问题,下线圈也更容易挑取。

↑
缝合处

对重复编织桂花针至边端的织片进行挑针缝合

↑
缝合处

对边上2针编织相同针法的织片进行挑针缝合

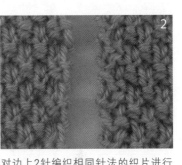

编织花样至边端只要重复编织即可,所以是最普遍的编织方法,但是边端的状态就会参差不齐。如果在此状态下做挑针缝合,挑取下线圈时多少会感觉不方便。

当边针与内侧1针编织相同针法时,因为是在相同针目之间的下线圈里挑针,挑针位置更加清晰明了。

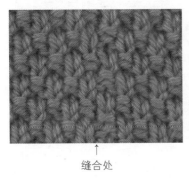

↑
缝合处

对边上1针编织下针的织片进行挑针缝合

将边上1针编织成下针也能起到同样的效果。1列的下针使挑针位置更加清晰,入针位置也更容易找到。不过,只有边上1针编织成下针,密度上多少会出现一点误差。

缝合完成后,好像并没有什么区别……

需要对准花样的情况，如何处理边针？

比如胁部和肩部等位置，对准花样看起来会更加美观。
根据针数是奇数还是偶数，确认编织起点的位置。

单罗纹针（胁部缝合）

针数相同，偶数

↑
缝合处

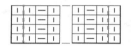

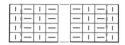

起针数是奇数的情况，为了对准胁部花样，前、后身片的编织起点位置必须错开1针。

针数相同，奇数
（边上是1针下针）

↑
缝合处

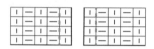

针数相同，奇数
（边上是2针下针）

↑
缝合处

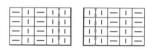

前、后身片的针数相同而且是偶数的情况，从相同位置开始编织就可以对准胁部的花样。

前、后身片的针数相同而且是奇数的情况，如果从相同位置开始编织，胁部的花样就会呈左右对称状态，缝合后就会出现相邻2个针目相同的问题，即下针与下针或者上针与上针连在一起。如右图所示，连续2针下针的情况可能不太显眼；但是如左图所示，连续2针上针的情况就会在罗纹针之间出现明显的凹槽，最好避免出现这种情况。

1针2行的桂花针（肩部接合）

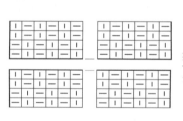

接合处

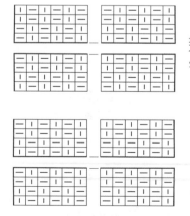

前、后身片的针数相同而且是偶数的情况，从相同位置开始编织就可以对准肩部的花样。

接合处

针数是奇数的情况，为了对准肩部花样，前、后身片的编织起点位置必须错开1针，或者前、后身片都编织至奇数行。

相同条件下针数是奇数的情况，如果从相同位置开始编织，肩部的花样就会呈左右对称状态，接合后就会出现对向的针目相同、花样不连贯的问题。

1针2行的桂花针（胁部缝合）

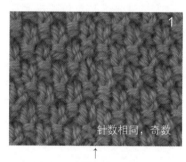

针数相同，奇数

↑
缝合处

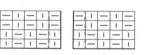

相同条件下针数是奇数的情况，如果从相同位置开始编织，胁部的花样就会呈左右对称状态，缝合后就会出现相邻2个针目相同、花样不连贯的问题。

针数相同，偶数

↑
缝合处

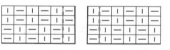

前、后身片的针数相同而且是偶数的情况，从相同位置开始编织就可以对准胁部的花样。

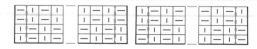

针数是奇数的情况，为了对准胁部花样，前、后身片的编织起点位置必须错开1针。

前面都是以整片编织桂花针为前提进行说明的。中间加入交叉花样等不同花样的情况，就要根据两侧桂花针的针数确定花样的编织起点位置。

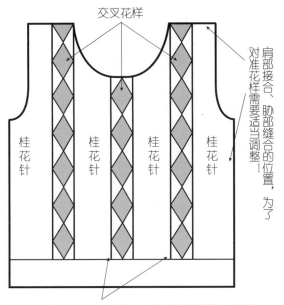

交叉花样

桂花针　桂花针　桂花针　桂花针

肩部接合、胁部缝合的位置，为了对准花样需要适当调整！

不影响缝合和接合的地方，无须在意编织起点位置！

桂花针的情况，花样的交界处即使左右对称看起来也没有什么区别，建议对准胁部和肩部的花样进行调整。相同的身片但是减针数不同的情况、一开始起针数就不同的情况、存在前后差的情况……最好确认想要对准花样的部位后再考虑编织起点位置。

说是边针，却不只是边针！！真是暗藏玄机啊！

2针2行的桂花针（胁部缝合）

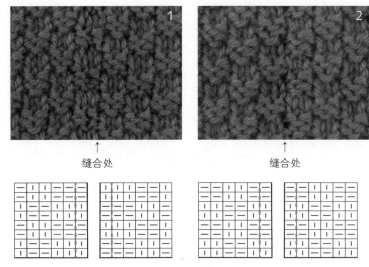

1　　　　　2

缝合处　　　　　缝合处

前、后身片针数相同的情况下，2针2行的桂花针与1针2行的桂花针相比，边端的变化更多，编织图也往往更加复杂。不过，如果起针数是"4针的倍数+2针"，无论从哪里开始编织，只要前、后身片的编织起点位置相同，就一定可以对准胁部的花样。剩下就看是否想要左右对称来确定编织起点位置。

2针2行的桂花针（肩部接合）

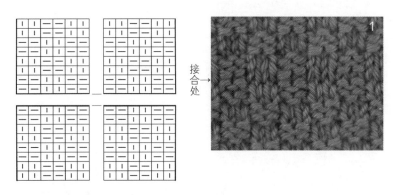

1

接合处→

前、后身片的针数和行数相同的情况下，花样呈左右对称状态的织片做肩部接合时，就会出现对向的针目相同、花样不连贯的问题。

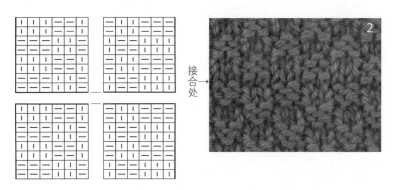

2

接合处→

如果边上的3针编织相同针目，接合时针目就会相互错开，要保证花样的连续性非常适合使用这种方法。另外，与1针2行的桂花针一样，如果前、后身片都编织至奇数行，就无须考虑编织起点位置，自然避免了花样不连贯的问题。

作品的编织方法

★的个数代表作品的难易程度和对编织者的水平要求　★…初学者可放心选择　★★…拥有一定自信者都可以尝试
★★★…有毅力的中上级水平者可以完成　★★★★…对技术有自信者都可大胆挑战
※ 线为实物粗细

材料

[马甲]手织屋 Moke Wool B 蓝绿色(20)
325g

[围脖]手织屋 Moke Wool B 蓝绿色(20)
65g

工具

棒针7号、5号

成品尺寸

[马甲]胸围90cm，衣长59cm，连肩袖长
22.5cm

[围脖]颈围61cm，宽19cm

编织密度

10cm×10cm面积内：编织花样A 18.5针，
28行；编织花样B、C均为18.5针，31行

编织要点

●马甲…手指挂线起针，编织单罗纹针，编织
花样A、B、C和起伏针。斜肩参照图示编织。
编织终点休针。肩部做引拔接合，胁部做挑
针缝合。领窝将前、后身片连在一起从反面
做伏针收针。

●围脖…手指挂线起针，环形编织单罗纹
针、编织花样A。编织终点做单罗纹针收针。

编织花样A

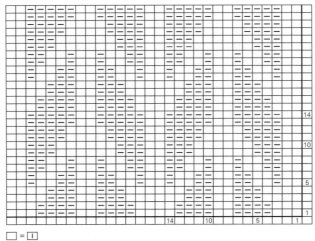

□ = 回

起伏针

编织花样B

编织花样C

□ = 回

单罗纹针

马甲

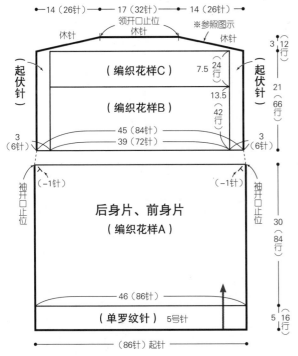

● 14（26针） — 17（32针） — 14（26针）

领开口止位

休针　休针　※参照图示

（起伏针）　（编织花样C）7.5　24行　（起伏针）

3　12行

（编织花样B）21（66行）13.5　42行

45（84针）

39（72针）

3（6针）　3（6针）

袖开口止位　（−1针）　（−1针）　袖开口止位

后身片、前身片

（编织花样A）

30（84行）

46（86针）

（单罗纹针）5号针

5　16行

（86针）起针

※ 除指定以外均用7号针编织

围脖

（单罗纹针）5号针

（编织花样A）7号针

61（112针）

（单罗纹针）5号针

2　6行

15　42行

2　6行

（112针）起针

肩部的编织方法

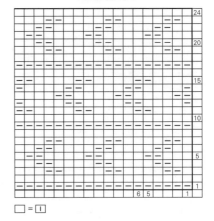

围脖　后身片、前身片

编织起点

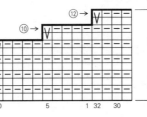
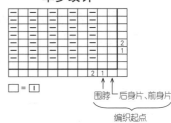
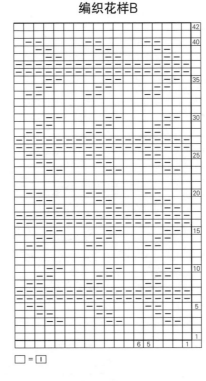
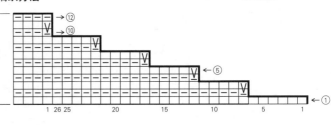

91

材料
钻石线 Dia Epoca 灰色（357）600g/15团

工具
棒针8号、6号

成品尺寸
胸围110cm，肩宽45cm，衣长64.5cm，袖长54.5cm

编织密度
10cm×10cm面积内：下针编织19.5针，29行；编织花样A、A'、B、C均为19.5针，33行

编织要点
●身片、衣袖…手指挂线起针，环形做边缘编织A、下针编织和编织花样A。然后分别编织前、后身片，参照图示做下针编织，编织花样B、C、A'和起伏针。减2针及以上时做伏针减针（边针仅在第1次需要编织），减1针时立起侧边1针减针（即2针并1针）。袖下参照图示加针，编织终点做伏针收针。
●组合…肩部做盖针接合。衣领挑取指定数量的针目，环形做边缘编织B。编织终点做下针织下针、上针织上针的伏针收针。衣袖与身片做对齐针与行缝合。

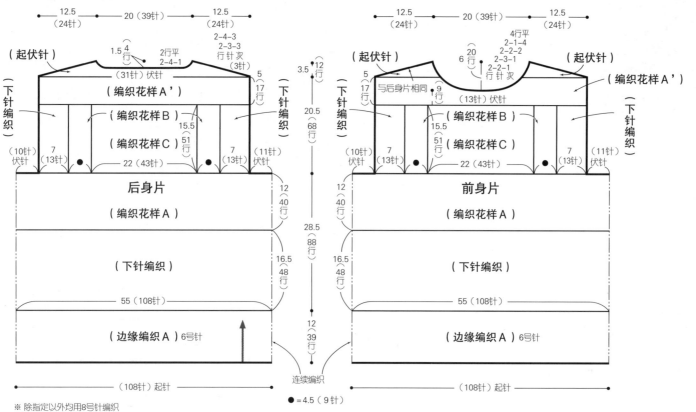

※除指定以外均用8号针编织

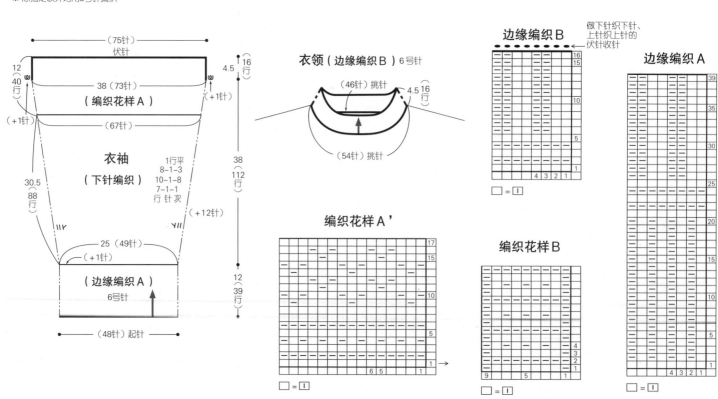

编织花样C

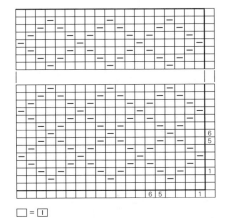

□ = ①

起伏针

□ = ①

编织花样A

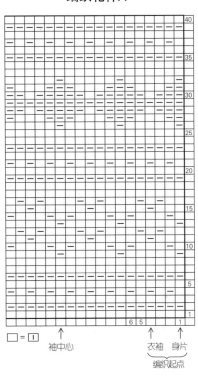

40
35
30
25
20
15
10
5

6 5　　　1

□ = ①

袖中心　　　衣袖　身片
└─编织起点─┘

袖下的加针

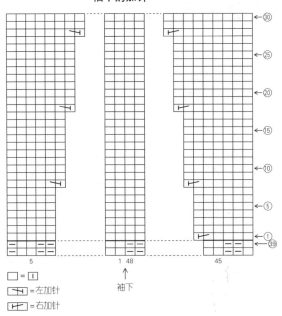

→30
←25
←20
←15
←10
←5
←①
←39

5　　　1 48　　　45

□ = ①

⊢ = 左加针

⊣ = 右加针

袖下

海峡群岛起针法

编织宽度2倍以上

1 线头侧对折,然后将两根线一起打结并留下线圈。线圈右侧要留实际编织宽度2倍以上的长度。

2 将棒针插入打结的线圈,让对折的线位于前面。如箭头所示将对折的线绕在拇指上,线团一侧的线挂在食指上。

3 将食指上的线挂在棒针上(挂针)。

4 从下方将棒针插入拇指上的线圈。

5 将食指上的线挂在棒针上,沿箭头方向拉出。

6 取下拇指上的线,将线拉紧。

7 最初挂在棒针上的线圈计为2针,重复步骤2~6编织至需要的针数。

8 第2行最后,将线逐根分开编织。

材料

Frangipani 5ply Guernsey Wool 灰绿色
（Pistachio）500g，直径13mm的纽扣3颗

工具

棒针3号，钩针3/0号

成品尺寸

胸围101cm，衣长56cm，连肩袖长70cm

编织密度

10cm×10cm面积内：下针编织、编织花样
B、编织花样C均为21针，33行；编织花样
A 24针，33行

编织要点

●身片、衣袖…身片使用海峡群岛起针法起针，环形编织起伏针、双罗纹针。然后编织

单罗纹针、下针编织和编织花样A，腋下参照图示加针。从腋下开始分开编织前、后身片，做编织花样A、B、C。编织终点休针。后身片肩部编织起伏针，和前身片做盖针接合。衣袖从腋下和身片挑针，环形编织单罗纹针、编织花样D、下针编织和编织花样A。参照图示减针。袖口编织双罗纹针、起伏针，编织终点一边用钩针钩织边缘，一边收针。

●组合…衣领挑取指定数量的针目，往返编织双罗纹针。编织终点做下针织下针、上针织上针的伏针收针。前领端挑取指定数量的针目，一边开扣眼，一边编织起伏针。缝上纽扣。

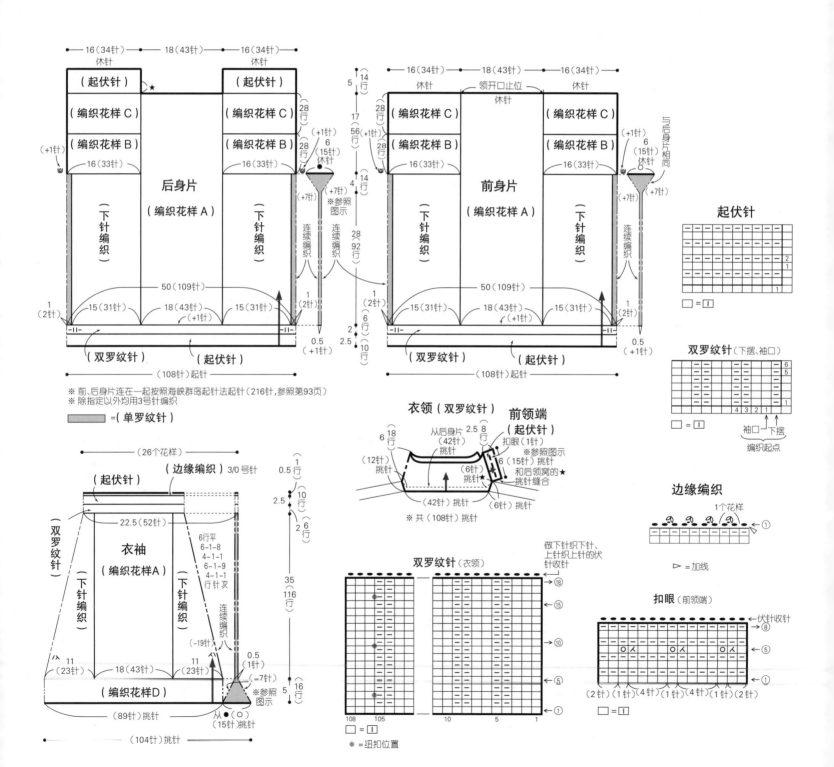

编织花样A

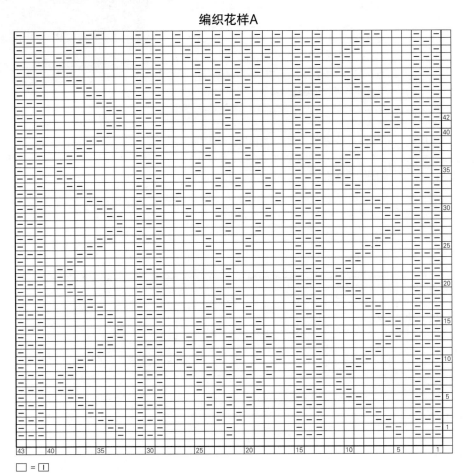

□ = ①

编织花样 C

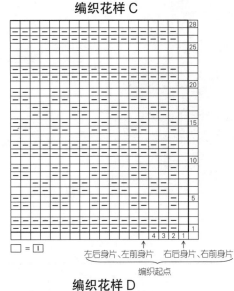

□ = ①

左后身片、左前身片　右后身片、右前身片

编织起点

编织花样 D

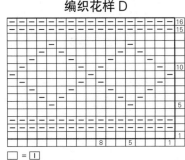

□ = ①

编织花样 B

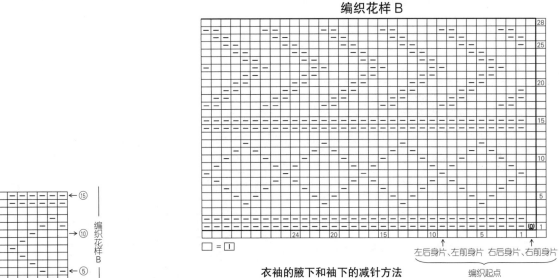

□ = ①

左后身片、左前身片　右后身片、右前身片

编织起点

胁部腋下的加针方法

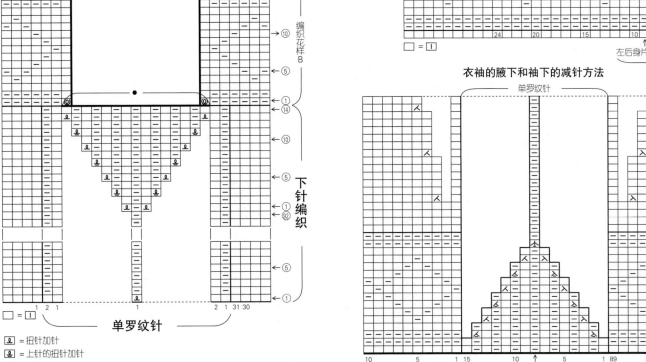

编织花样B

下针编织

单罗纹针

□ = ①

ℓ = 扭针加针

ℓ = 上针的扭针加针

Ⓜ = 卷针

衣袖的腋下和袖下的减针方法

单罗纹针

下针编织

编织花样D

袖下

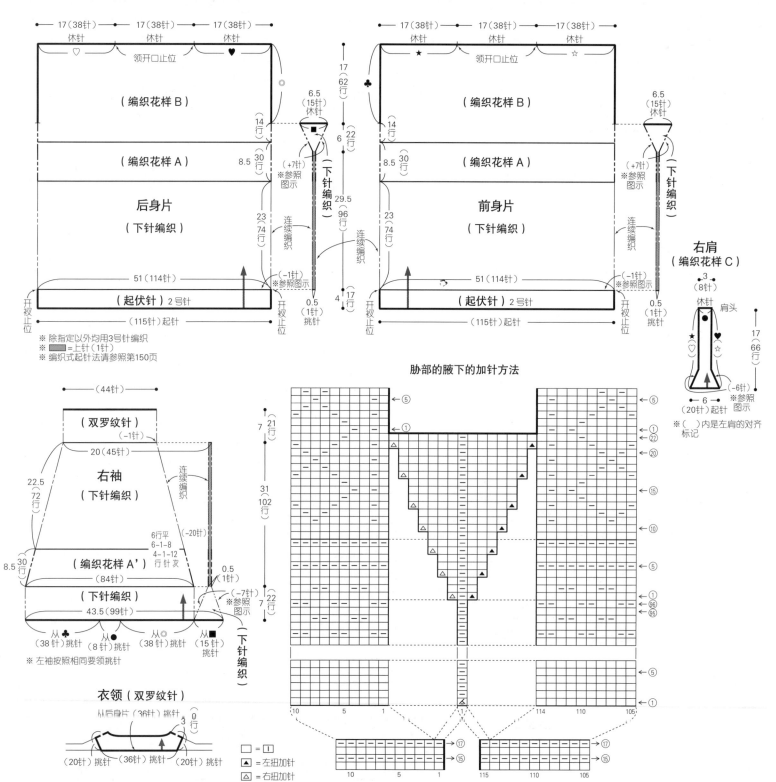

材料

Frangipani 5ply Guernsey Wool 藏青色
（Navy）505g

工具

棒针3号、2号

成品尺寸

胸围102cm，衣长56.5cm，连肩袖长70.5cm

编织密度

10cm×10cm面积内：下针编织22.5针，32行；编织花样A、A'、B均为22.5针，36行

编织要点

●身片、衣袖…身片用编织式起针法起针，前、后身片分别编织起伏针。编织17行以

后，前、后身片连在一起，环形做下针编织和编织花样A、B。腋下参照图示加针。从腋下开始分开编织前、后身片。编织终点休针。肩部另线锁针起针，参照图示一边和身片连接，一边做编织花样C。衣袖从腋下、身片和肩部挑针，环形做下针编织、编织花样A'和双罗纹针。参照图示减针。编织终点做下针织下针、上针织上针的伏针收针。

●组合…衣领从肩部解开的锁针起针和身片的休针挑针，环形编织双罗纹针。编织终点和袖口一样收针。

17（38针）　17（38针）　17（38针）

休针　　休针　　休针

领开口止位

（编织花样B）

（编织花样A）　8.5　30行

后身片
（下针编织）

14　行

6.5（15针）休针

（+7针）※参照图示

下针编织

23　74行　连续编织

51（114针）

（起伏针）2号针

（115针）起针

0.5（1针）挑针

开衩止位

※除指定以外均用3号针编织

※■＝上针（1针）

※编织式起针法请参照第150页

17（38针）　17（38针）　17（38针）

休针　　休针　　休针

领开口止位

（编织花样B）

（编织花样A）　8.5　30行

前身片
（下针编织）

14　行

6.5（15针）休针

（+7针）※参照图示

下针编织

23　74行　连续编织

51（114针）

（起伏针）2号针

（115针）起针

0.5（1针）挑针

开衩止位

17　62行

6　22行

29.5　96行

4　17行

右肩
（编织花样C）

3（8针）

休针　肩头

17（66行）

（-6针）

6（20针）起针　※参照图示

※（　）内是左肩的对齐标记

（44针）

（双罗纹针）　（-1针）

20（45针）

右袖
（下针编织）

22.5　72行　连续编织

（编织花样A'）

6行平
6-1-8
4-1-12　行针次

（84针）　0.5（1针）

8.5　30行

（下针编织）

43.5（99针）　（-7针）※参照图示

从♣（38针）挑针　从◆（8针）挑针　从◎（38针）挑针　从●（15针）挑针

（下针编织）

7　21行

31　102行

7　22行

※左袖按照相同要领挑针

衣领（双罗纹针）

从后身片（36针）挑针

3　行　0行

（20针）挑针　（36针）挑针　（20针）挑针

胁部的腋下的加针方法

□＝□

▲＝左扭加针

△＝右扭加针

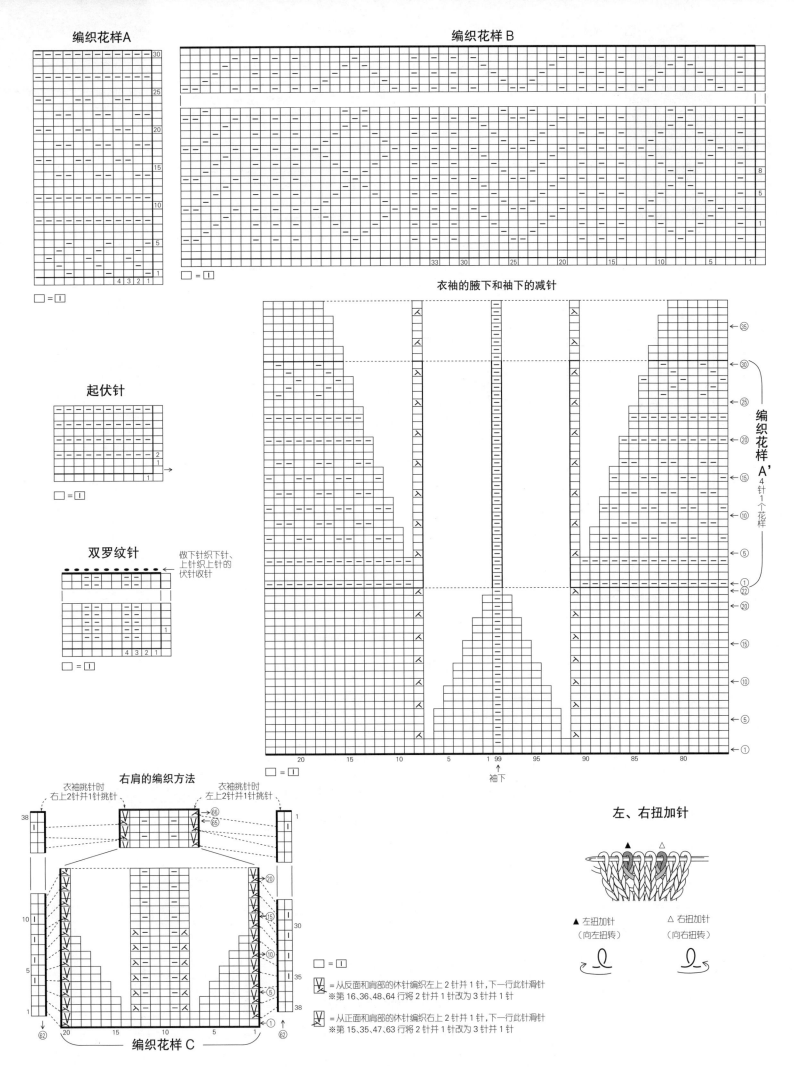

编织花样A

编织花样 B

起伏针

双罗纹针

做下针织下针、
上针织上针的
伏针收针

衣袖的腋下和袖下的减针

编织花样A'
4针1个花样

编织花样C

右肩的编织方法

衣袖挑针时
右上2针并1针挑针

衣袖挑针时
左上2针并1针挑针

左、右扭加针

▲ 左扭加针
（向左扭转）

△ 右扭加针
（向右扭转）

袖下

□ = □

V = 从反面和肩部的休针编织左上 2 针并 1 针，下一行此针滑针
※第 16、36、48、64 行将 2 针并 1 针改为 3 针并 1 针

V = 从正面和肩部的休针编织右上 2 针并 1 针，下一行此针滑针
※第 15、35、47、63 行将 2 针并 1 针改为 3 针并 1 针

材料
钻石线 DIA TARTAN 酒红色（3407）455g/13团

工具
棒针4号、2号

成品尺寸
胸围100cm，肩宽45cm，衣长60cm，袖长51cm

编织密度
10cm×10cm面积内：下针编织26针，34行；编织花样A、B、A'均为26针，42行

编织要点
●身片手指挂线起针，第2行减针。然后往返编织起伏针。编织24行以后，前、后身片连在一起环形编织双罗纹针，下针编织和编织花样A、B、A'。从袖隆开始前、后身片分开编织。编织终点休针。肩部17针做盖针接合。参照图示从身片挑针，做下针编织。参照图示编织肩部的减针和领窝处的引返编织。衣领挑起指定数量的针目，环形编织双罗纹针。编织终点做伏针收针。衣袖从腋下的休针和身片挑针，环形做下针编织和双罗纹针。参照图示减针。编织终点和衣领一样收针。

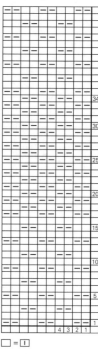

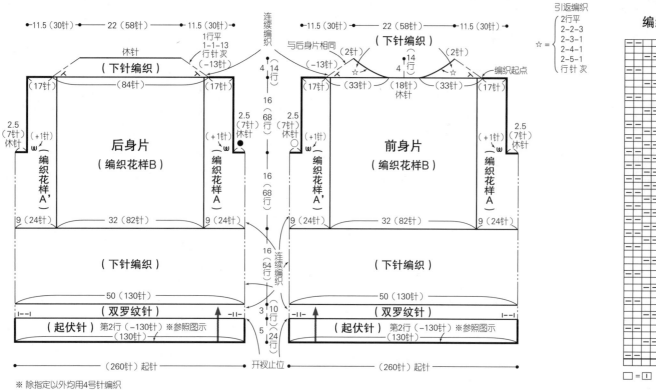

※除指定以外均用4号针编织

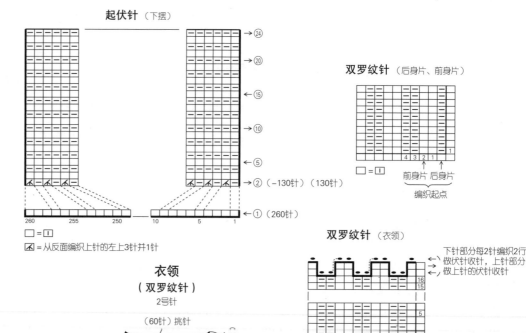

编织花样B

编织花样A、A'

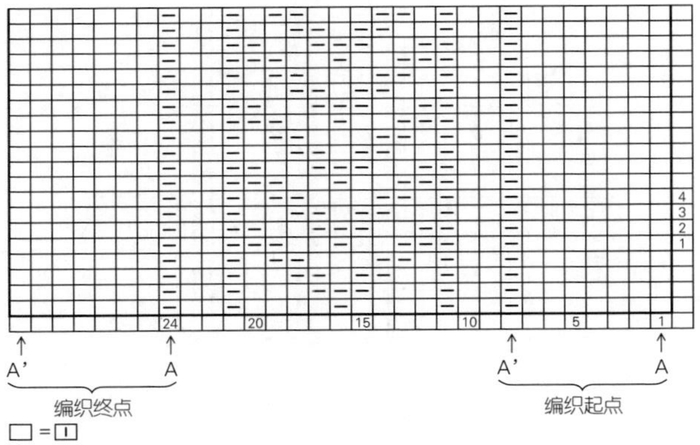

24
20
15
10
5
1
4
3
2
1
A'
A
A'
A
编织终点
编织起点
□=Ⅰ

肩部的减针和前领窝的引返编织

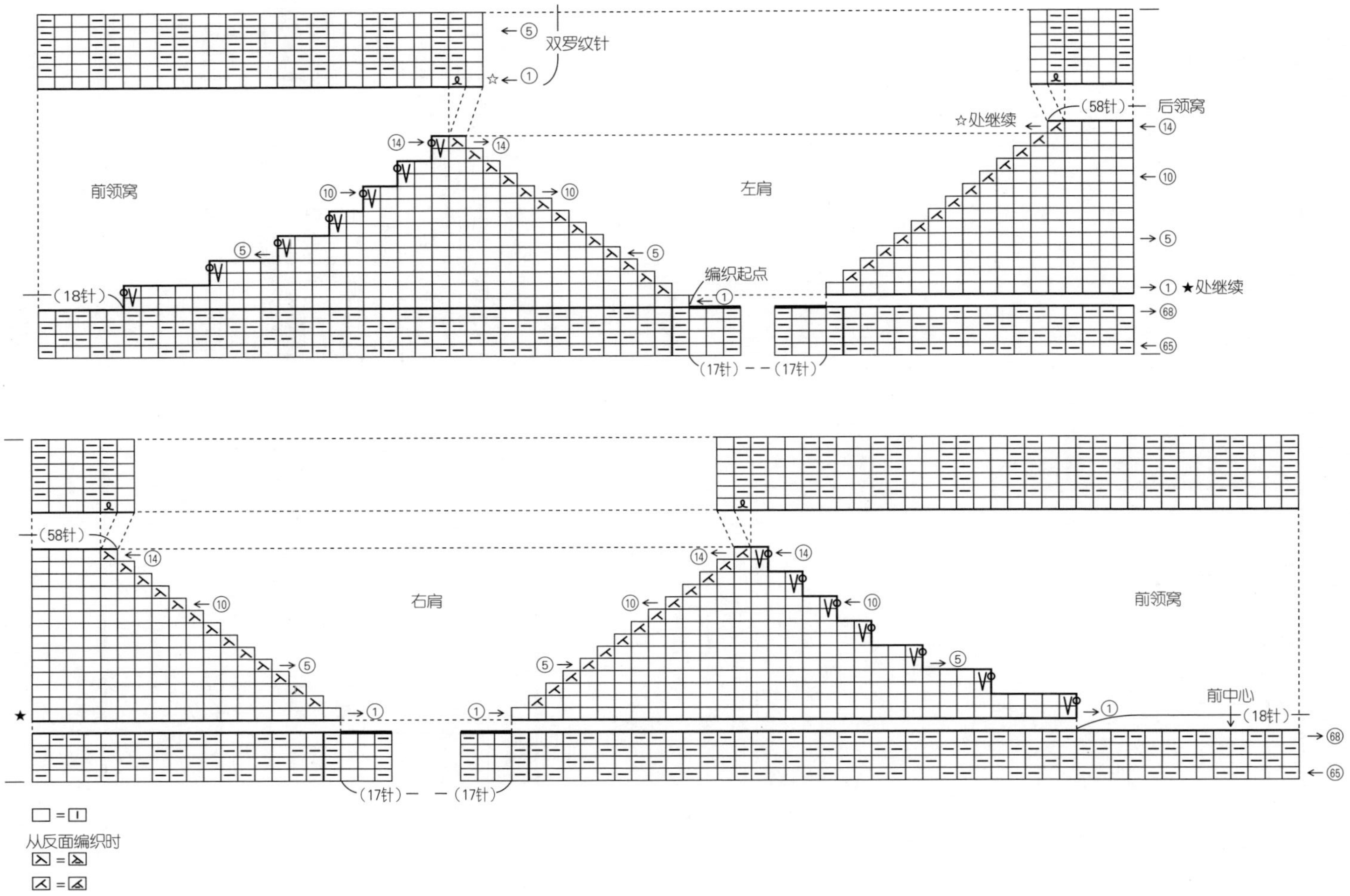

双罗纹针
前领窝
左肩
编织起点
(18针)
(17针)
(17针)
(58针)
后领窝
☆处继续
★处继续
右肩
前领窝
前中心
(18针)
(58针)
□=Ⅰ
从反面编织时

袖下的减针

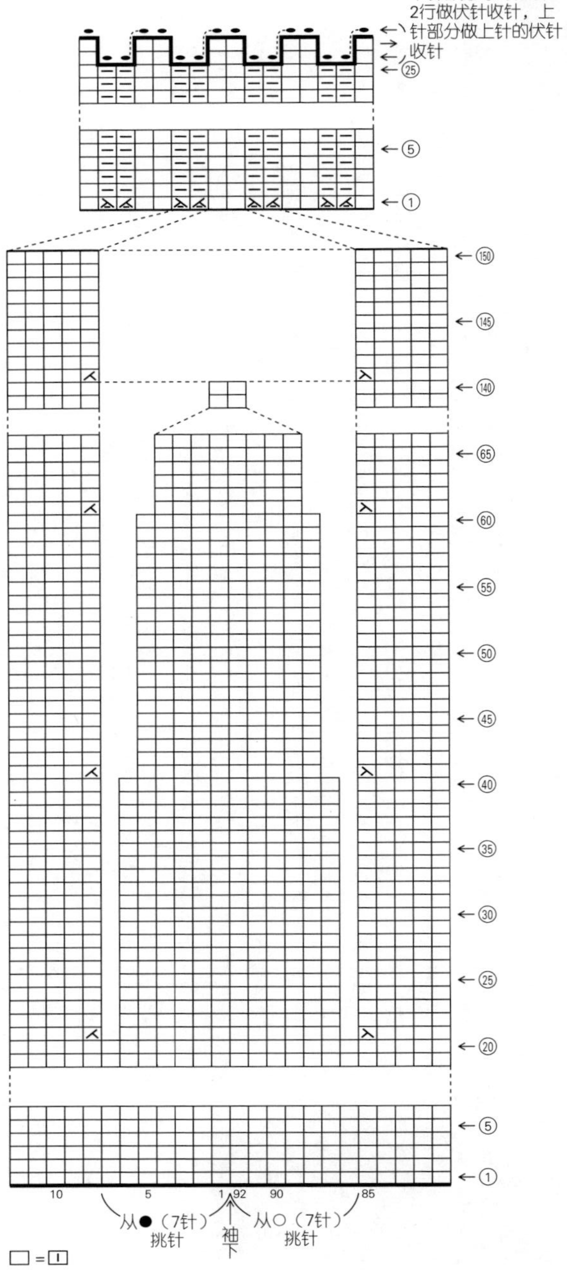

下针部分每2针编织2行做伏针收针，上针部分做上针的伏针收针
从●（7针）挑针
袖下
从○（7针）挑针
□=Ⅰ

材料
手织屋 Moke Wool A 原白色（32）570g，
直径15mm的纽扣3颗
工具
棒针8号、6号、3号
成品尺寸
胸围84cm，衣长62.5cm，连肩袖长66cm
编织密度
10cm×10cm面积内：编织花样A、C均为
23.5针，31行；下针编织20针，31行
编织要点
●身片、衣袖…全部取2根线编织。双罗纹
针起针，然后环形编织双罗纹针。继续做编
织花样A、B、C、D。编织88行以后，参照

图示，一边加针，一边在腋下做下针编织。
编织28行以后，前、后身片分开，分别做编
织花样A、B、C、E，往返编织。前领窝，
中央部分休针，减1针时立起侧边1针减针。
肩部将前、后身片反面朝外对齐，钩织引拔
针接合。衣袖从指定位置挑针，参照图示一
边减针一边环形做下针编织、编织花样D、
编织花样F和双罗纹针。编织终点做双罗纹
针收针。
●组合…衣领挑取指定数量的针目，编织起
伏针和双罗纹针。在指定位置开扣眼。编织
终点处的起伏针做伏针收针，双罗纹针做双
罗纹针收针。缝上纽扣。

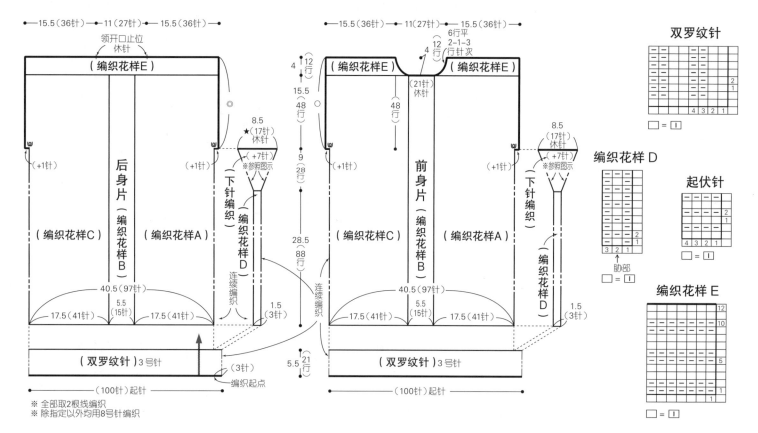

※ 全部取2根线编织
※ 除指定以外均用8号针编织

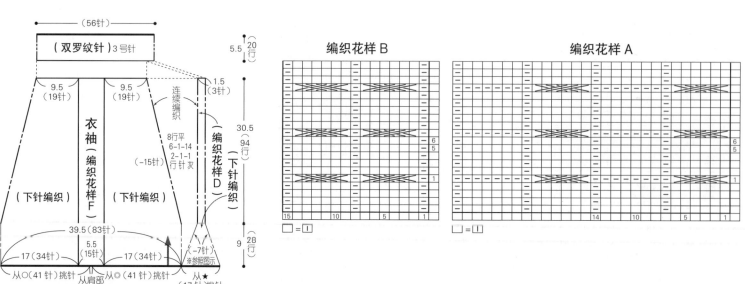

※ 对齐标记适用于右袖

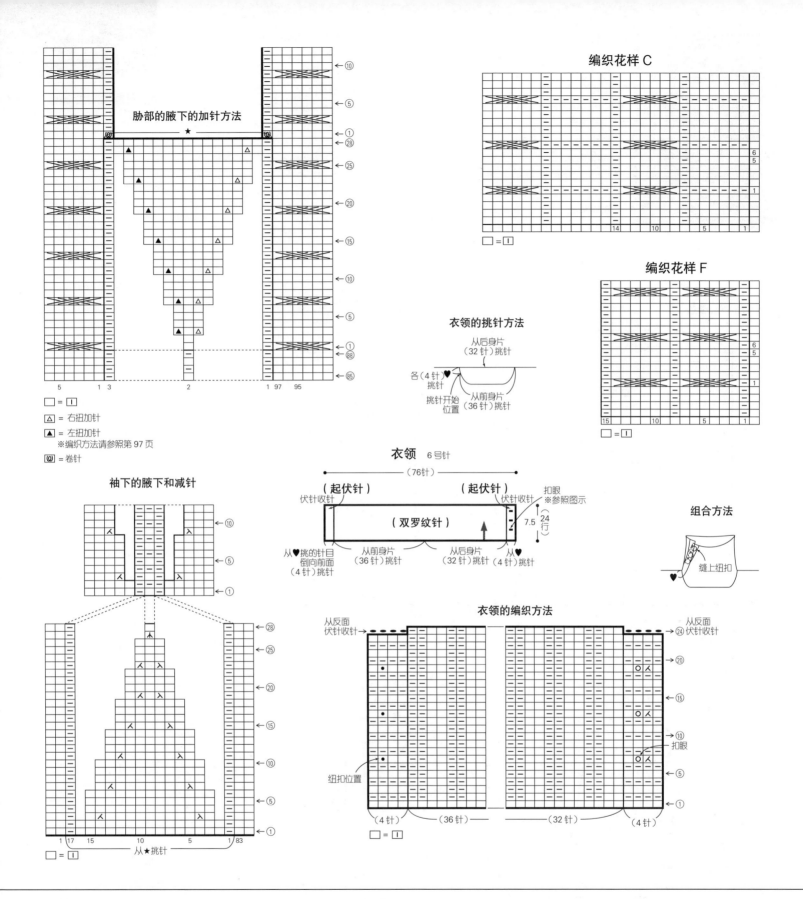

编织花样 C

胁部的腋下的加针方法
★

□ = □

△ = 右扭加针

▲ = 左扭加针

※编织方法请参照第97页

回 = 卷针

袖下的腋下和减针

衣领的挑针方法

从后身片
（32针）挑针

各（4针）♥
挑针

挑针开始
位置

从前身片
（36针）挑针

衣领 6号针

（76针）

（起伏针）　　　　　（起伏针）

伏针收针　　　　　　　　　　伏针收针

扣眼
※参照图示

（双罗纹针）

7.5　24
行

从♥挑的针目
倒向前面
（4针）挑针

从前身片
（36针）挑针

从后身片
（32针）挑针

从♥
（4针）挑针

组合方法

缝上纽扣

♥

衣领的编织方法

从反面
伏针收针

纽扣位置

扣眼

从反面
伏针收针

扣眼

（4针）　　（36针）　　　　（32针）　　　（4针）

□ = □

从★挑针

□ = □

i-cord收针法

1 用编织线起3针。这里为了
展示清晰，使用了不同颜色
的线。

2 编织2针下针，第3针和织
物第1针编织右上2针并1
针。

3 将右棒针的3针不改变方
向移回左棒针。

4 重复步骤2、3。

5 编织至所有针目完成。

材料

Ski毛线　Ski Fraulein 橙色（2937）530g/14团，直径18mm的纽扣6颗

工具

棒针7号、5号

成品尺寸

胸围108cm，衣长58.5cm，连肩袖长66cm

编织密度

10cm×10cm面积内：下针编织19针，27.5行；编织花样20针，27.5行

编织要点

●身片、衣袖…身片手指挂线起针，编织起伏针、双罗纹针、下针编织和编织花样。领窝减2针及以上时做伏针减针，减1针时立起侧边1针减针。肩部做盖针接合。衣袖挑取指定数量的针目，编织双罗纹针、起伏针和下针编织。袖下减针时，立起侧边2针减针。编织终点做下针织下针、上针织上针的伏针收针。

●组合…胁部、袖下做挑针缝合。衣领、前门襟挑取指定数量的针目，做边缘编织。右前门襟开扣眼。编织终点和袖口一样收针。缝上纽扣。

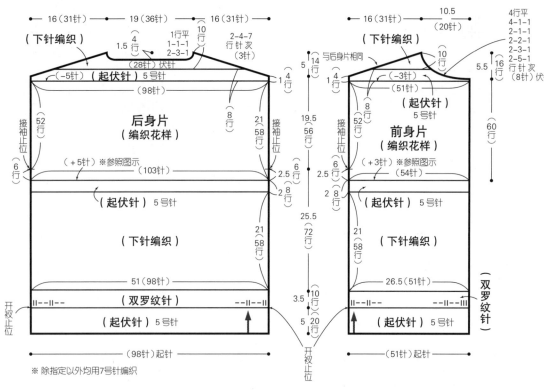

※除指定以外均用7号针编织

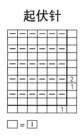

衣领（边缘编织）5号针

前门襟（边缘编织）5号针

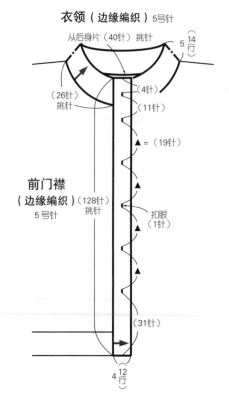

起伏针

双罗纹针

□=□

右前身片、袖肩部

后身片、左前身片、袖口

编织起点

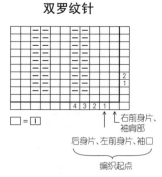

边缘编织

做下针织下针、上针织上针的伏针收针

□=□

※前门襟编织至第12行

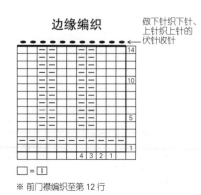

编织花样

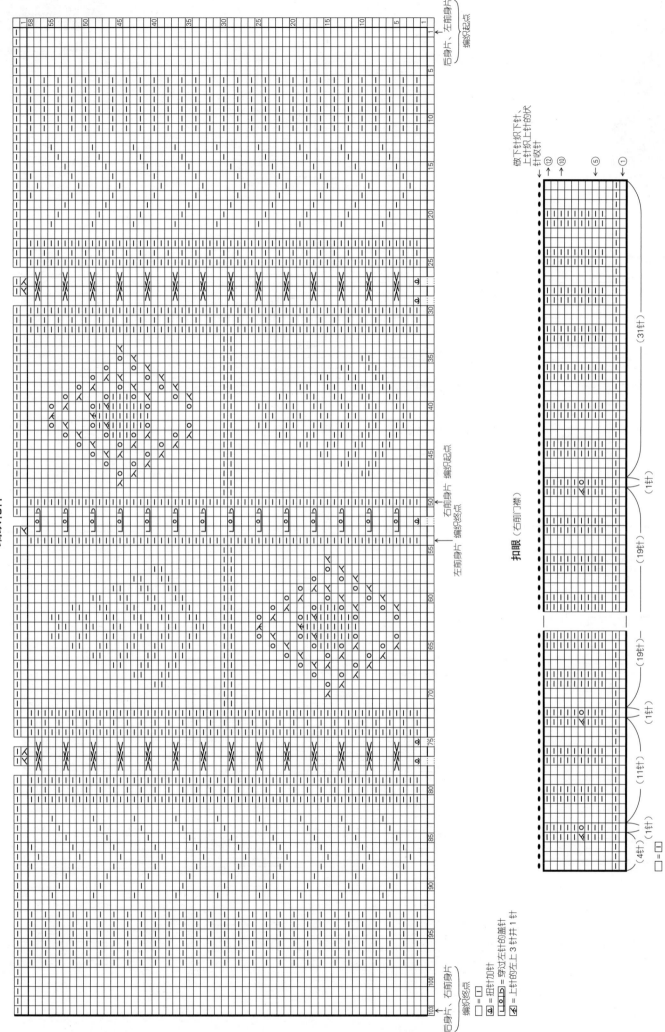

扣眼（右前门襟）

103

材料
Ski毛线 Ski UK Blend Melange 青蓝色
（8017）580g/15团
工具
棒针8号、6号
成品尺寸
胸围106cm，衣长57.5cm，连肩袖长74cm
编织密度
10cm×10cm面积内：下针编织17.5针，
24行；编织花样A~D均为17.5针，28行

编织要点
●身片、衣袖…身片使用海峡群岛起针法起针，编织起伏针、双罗纹针、下针编织和编织花样A~D。领窝前中心的针目休针，减2针及以上时做伏针减针，减1针时立起侧边1针减针。肩部做盖针接合。衣袖从身片挑针，编织双罗纹针和下针编织。袖下减针时，立起侧边2针减针。编织终点做下针织下针、上针织上针的伏针收针。
●组合…胁部、袖下做挑针缝合。衣领挑取指定数量的针目，环形编织双罗纹针。编织终点和袖口一样收针。

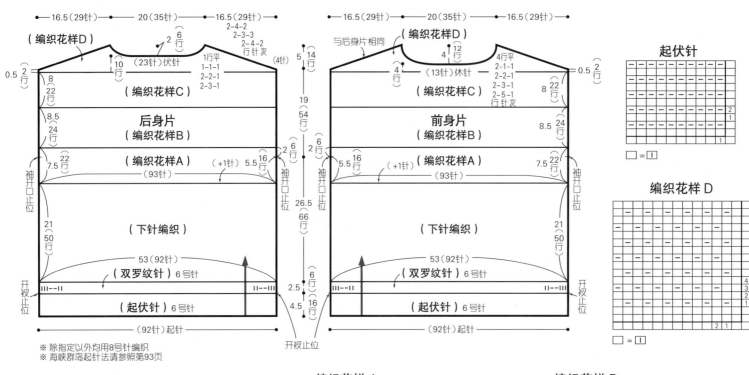

※除指定以外均用8号针编织
※海峡群岛起针法请参照第93页

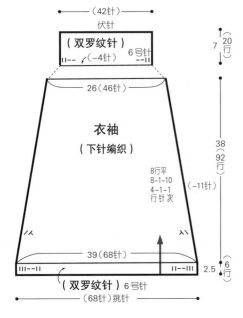

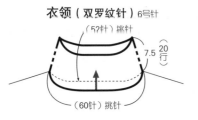

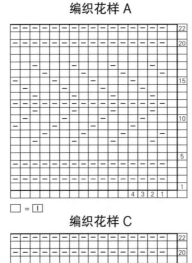

编织花样 C

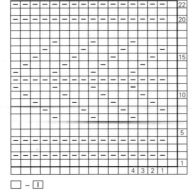

编织花样 A

编织花样 B

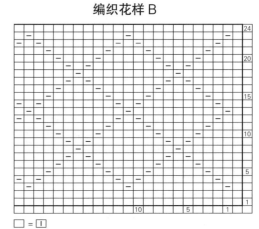

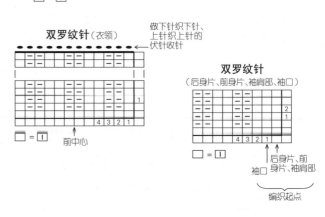

材料
内藤商事 Brando 黄绿色(124)560g/14团，
直径20mm的纽扣9颗

工具
棒针6号、4号

成品尺寸
胸围90cm，衣长74.5cm，连肩袖长72cm

编织密度
10cm×10cm面积内：编织花样B、C均为
18.5针，30.5行；编织花样D为17.5针，28行
编织花样E、E'为1个花样10针4cm，28
行10cm

编织要点
●身片、衣袖…用编织式起针法起针，前、后
身片连在一起做边缘编织A，一边分散减针

一边做编织花样A。然后参照图示做编织花
样A'、B。腋下针目休针，腋下以上部分将
右前身片、后身片、左前身片分开编织，做
编织花样B、C。领窝减2针及以上时做伏
针减针，减1针时立起侧边1针减针。肩部
做盖针接合。衣袖从腋下的休针和身片挑针，
环形做编织花样A'、D、E（E'）。袖下参
照图示减针。袖口做边缘编织B。编织终点
做上针的伏针收针。
●组合…衣领挑取指定数量的针目，编织双
罗纹针，编织终点休针。前门襟做边缘编织
B，右前门襟开扣眼。编织终点和袖口一样
收针。衣领边缘编织起伏针，编织终点和袖
口一样收针。缝上纽扣。

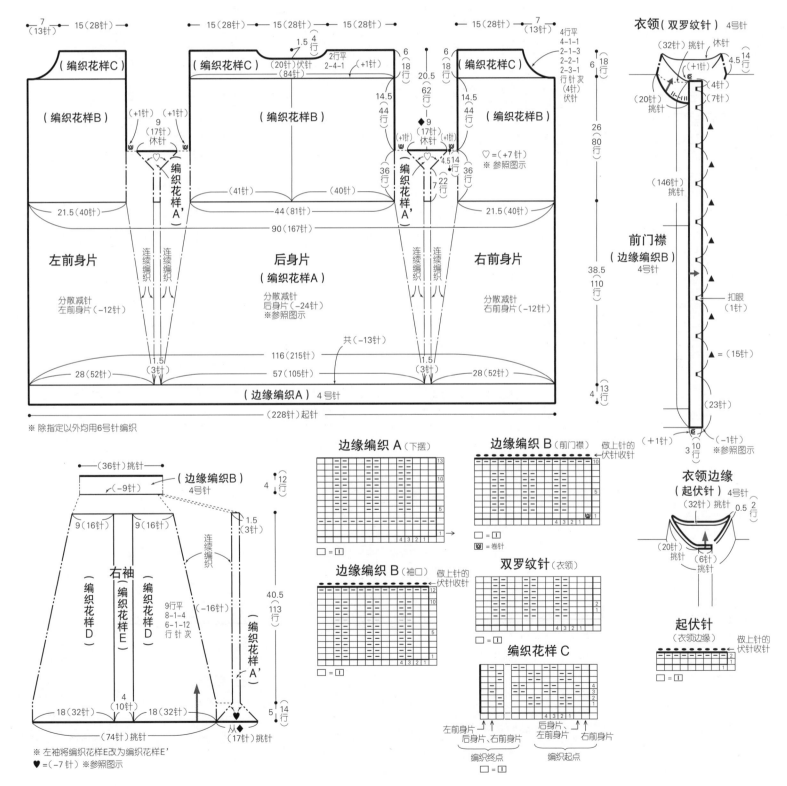

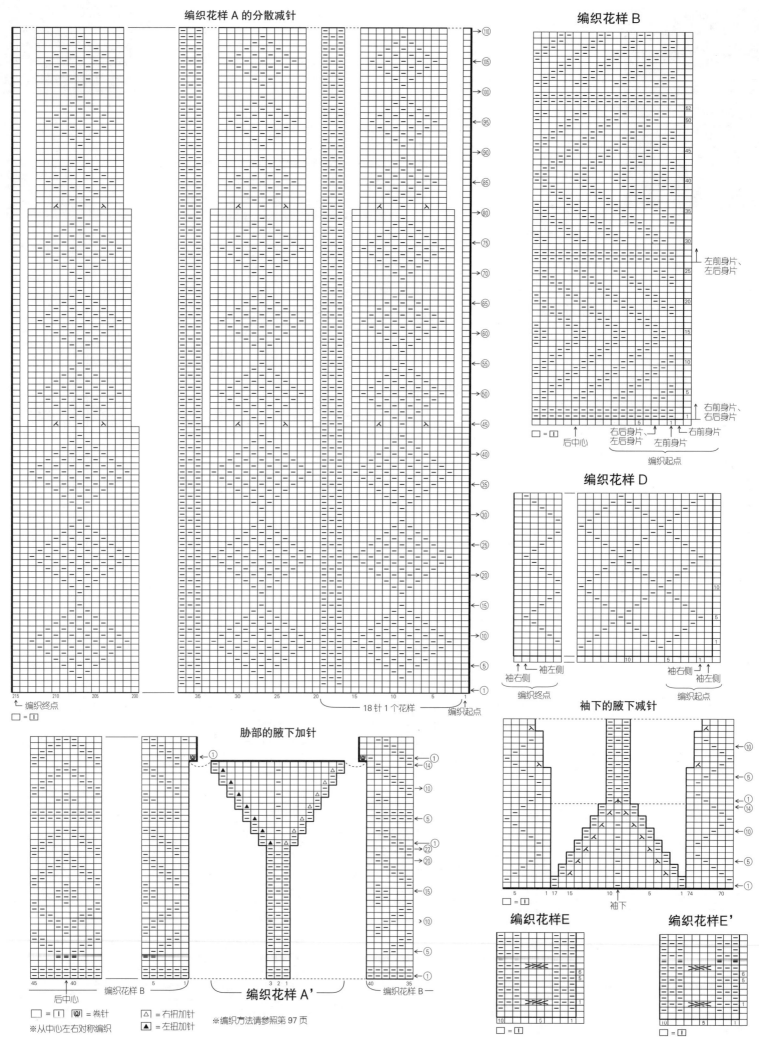

编织花样 A 的分散减针

编织花样 A'

编织花样 B

编织花样 D

胁部的腋下加针

袖下的腋下减针

编织花样 E

编织花样 E'

□ = ① 卷针 △ = 右扭加针 ▲ = 左扭加针

※从中心左右对称编织 ※编织方法请参照第 97 页

18 针 1 个花样 编织起点

编织终点 □ = ①

106

扣眼（右前门襟）

做上针的伏针收针
←⑩
←⑤
←①

（4针）（1针）（7针）（1针）（15针）—（15针）（1针）（15针）（1针）（23针）

□=田　ⓦ=卷针
※第9行最初的减针将端头1针折向反面2针一起编织

材料

[马甲]内藤商事 Everyday Norwegia 沙米色（424）260g/3团

[帽子]内藤商事 Everyday Norwegia 沙米色（424）55g/1团

工具

棒针6号、4号

成品尺寸

[马甲]胸围101cm，肩宽42cm，衣长60.5cm

[帽子]帽围50cm，帽深24.5cm

编织密度

10cm×10cm面积内：编织花样A 19针，27行；编织花样B、C均为19针，27.5行

编织要点

●马甲…手指挂线起针，环形编织起伏针和编织花样A、B。从袖隆开始前、后身片分开编织。减2针及以上时做伏针减针，减1针时立起侧边1针减针。肩部做盖针接合。衣领、袖口挑取指定数量的针目，环形编织单罗纹针。编织终点做单罗纹针收针。

●帽子…手指挂线起针，环形做下针编织、编织花样C和双罗纹针。参照图示分散减针。编织终点穿线收紧。

16 页的作品 ★★★

马甲

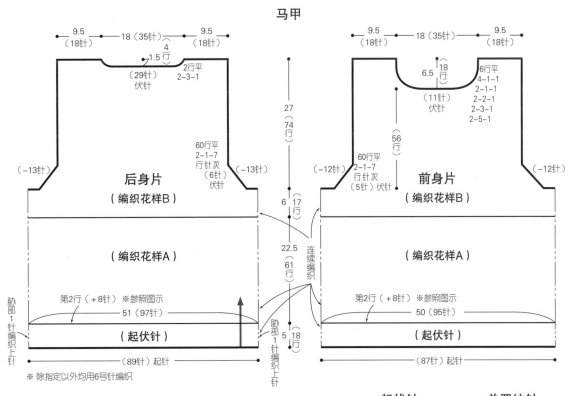

后身片（编织花样B）
前身片（编织花样B）
（编织花样A）
连续编织
第2行（+8针）※参照图示
51（97针）　50（95针）
（起伏针）
（89针）起针　（87针）起针
胁部1针编织上针
※除指定以外均用6号针编织

衣领、袖口（单罗纹针）4号针

（41针）挑针　2.5　8行
（51针）挑针
（118针）挑针

起伏针　单罗纹针
□=田　胁部

编织花样A

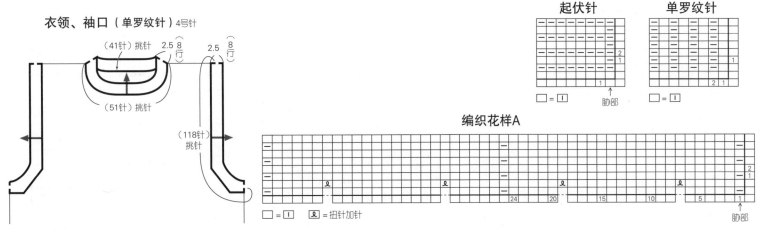

□=田　♀=扭针加针　胁部

编织花样B

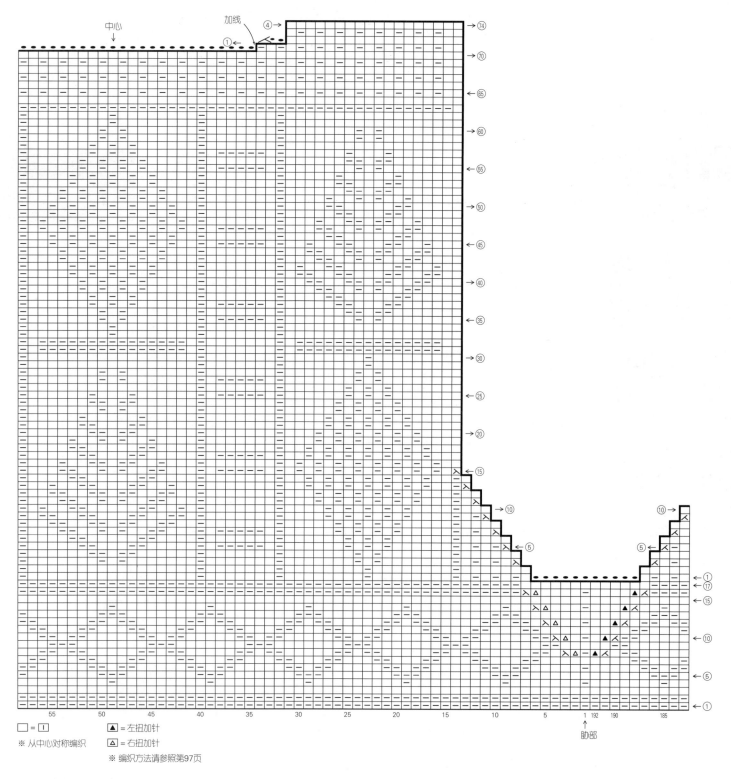

□ = □   ▲ = 左扭加针

※ 从中心对称编织   △ = 右扭加针

※ 编织方法清参照第97页

前领窝的减针

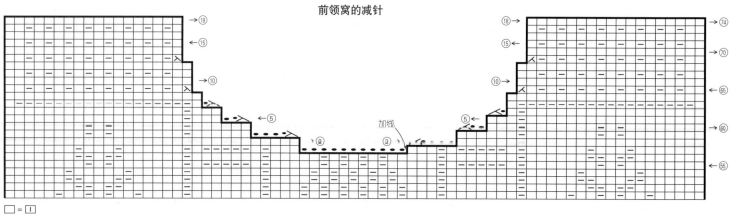

□ = □

帽子的分散减针

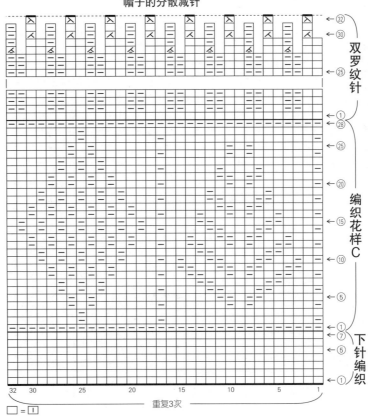

双罗纹针

编织花样C

下针编织

重复3次

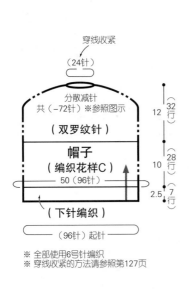

穿线收紧

（24针）

分散减针
共（-72针）※参照图示

（双罗纹针）

帽子
（编织花样C）

50（96针）

（下针编织）

（96针）起针

12 { 32行

10 { 28行

2.5 { 7行

※ 全部使用6号针编织
※ 穿线收紧的方法请参照第127页

接第110页

编织花样B　　　　　　　编织花样A

编织花样D'　　　　　　　编织花样D

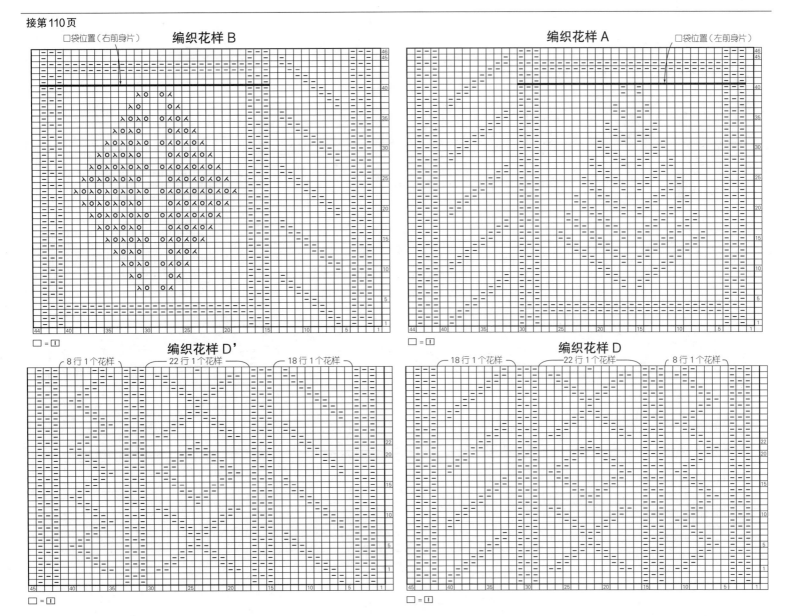

□=Ⅱ

8行1个花样　　22行1个花样　　18行1个花样

18行1个花样　　22行1个花样　　8行1个花样

□袋位置（右前身片）　　□袋位置（左前身片）

材料
奥林巴斯 Natural Spun（中粗）深灰色
（108）675g/7团，直径20mm的纽扣6颗

工具
棒针7号、6号、5号

成品尺寸
胸围101.5cm，肩宽42cm，衣长56.5cm，袖
长52.5cm

编织密度
10cm×10cm面积内：编织花样A、B、C、D、
D'、E均为21.5针，28行

编织要点
●身片、衣袖…手指挂线起针，编织桂花针

A。身片继续参照图示编织桂花针B和编织
花样A、B、C、D、D'，衣袖继续编织桂花
针B和编织花样E。右前门襟开扣眼。口袋
处编入另线。减2针及以上时做伏针减针，
减1针时立起侧边1针减针。袖下加针时，
在1针内侧编织扭针加针。
●组合…解开另线挑针，编织口袋内片和口
袋口。口袋口的编织终点做单罗纹针收针。
肩部做盖针接合，胁部、袖下做挑针缝合。
衣领挑取指定数量的针目，一边调整编织密
度，一边编织单罗纹针。编织终点和口袋口
一样收针。衣袖和身片做引拔接合。缝上纽
扣。

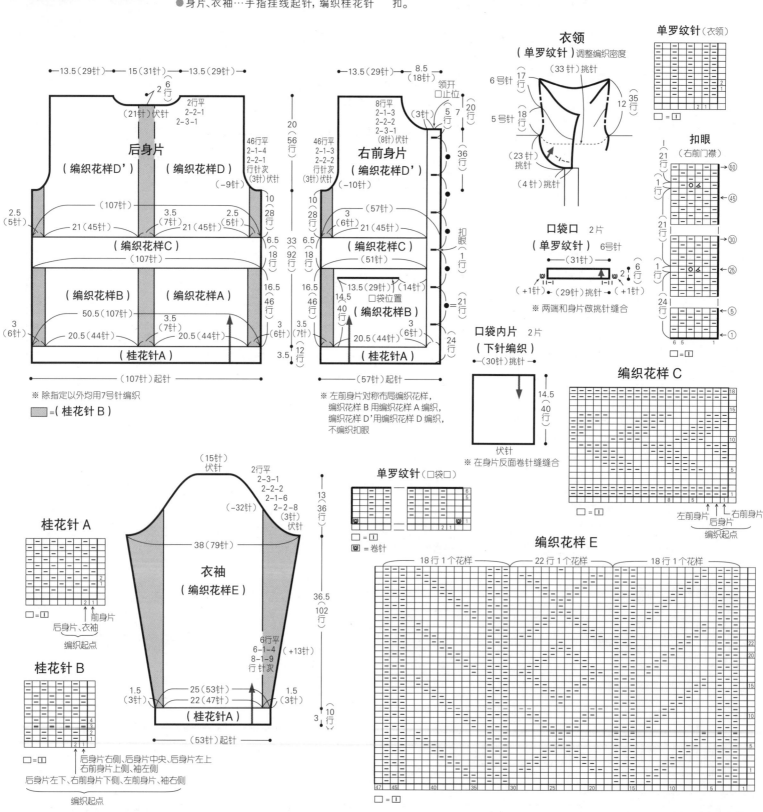

*其他内容见第109页

材料
ROWAN Kid Classic 浅褐色（00898）
200g/4团，风纪扣（No.3）银色2组
工具
棒针6号、5号、4号
成品尺寸
胸围92cm，肩宽40cm，衣长54.5cm
编织密度
10cm×10cm面积内：下针编织20针，26行
编织花样10cm为20针，5.5cm为18行

编织要点
●身片…单罗纹针起针，前、后身片连在一起编织单罗纹针、编织花样和下针编织。袖隆以上部分将右前身片、后身片、左前身片分开编织。减2针及以上时做伏针减针，减1针时立起侧边1针减针。
●组合…肩部做引拔接合。袖口环形编织单罗纹针。编织终点做单罗纹针收针。衣领一边调整编织密度，一边参照图示分散加减针。编织终点做伏针收针。前门襟从身片和衣领挑针，做边缘编织。编织终点和衣领一样收针。衣领、前门襟折向内侧做卷针缝。前门襟上下边上做挑针缝合，缝上风纪扣。

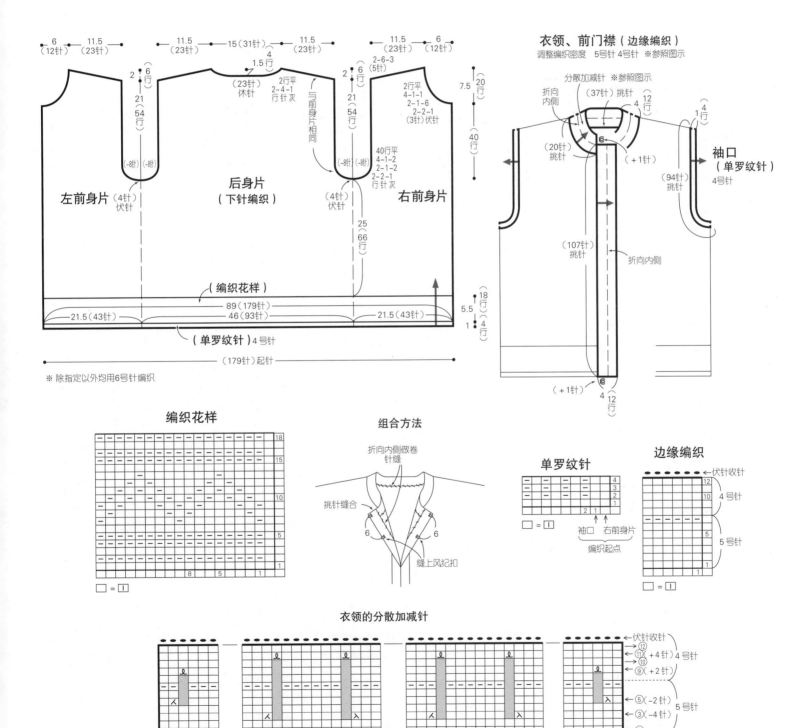

编织花样

组合方法

折向内侧做卷针缝
挑针缝合
缝上风纪扣
6　6

单罗纹针

边缘编织

衣领、前门襟（边缘编织）
调整编织密度　5号针 4号针 ※参照图示

衣领的分散加减针

□ = ⊡
▨ = 无针目处
𝒬 = 扭针加针

※除指定以外均用6号针编织

材料
奥林巴斯　Natural Spun（中粗）米色（102）
600g/6团

工具
棒针6号、5号

成品尺寸
胸围104cm，肩宽46cm，衣长50cm，袖长51.5cm

编织密度
10cm×10cm面积内：编织花样A、B、D、E、G、H均为20针，29行；编织花样F 24针，29行

编织花样C 1个花样14针5.5cm，29行10cm

编织要点
●身片、衣袖…另线锁针起针，身片做编织花样A~H，衣袖做编织花样A、B、D、F。减2针及以上时做伏针减针，减1针时立起侧边1针减针，需要注意领窝左右减针不同。身片的编织花样E、F、H的编织终点有变化，需要注意。袖下加针时，在1针内侧编织扭针加针。衣袖编织终点做伏针收针。下摆、袖口解开起针时的另线挑针，编织双罗纹针。编织终点做双罗纹针收针。
●组合…肩部做盖针接合。衣领挑取指定数量的针目，环形编织双罗纹针。编织终点和下摆一样收针。衣袖与身片做对齐针与行缝合。胁部、袖下做挑针缝合。

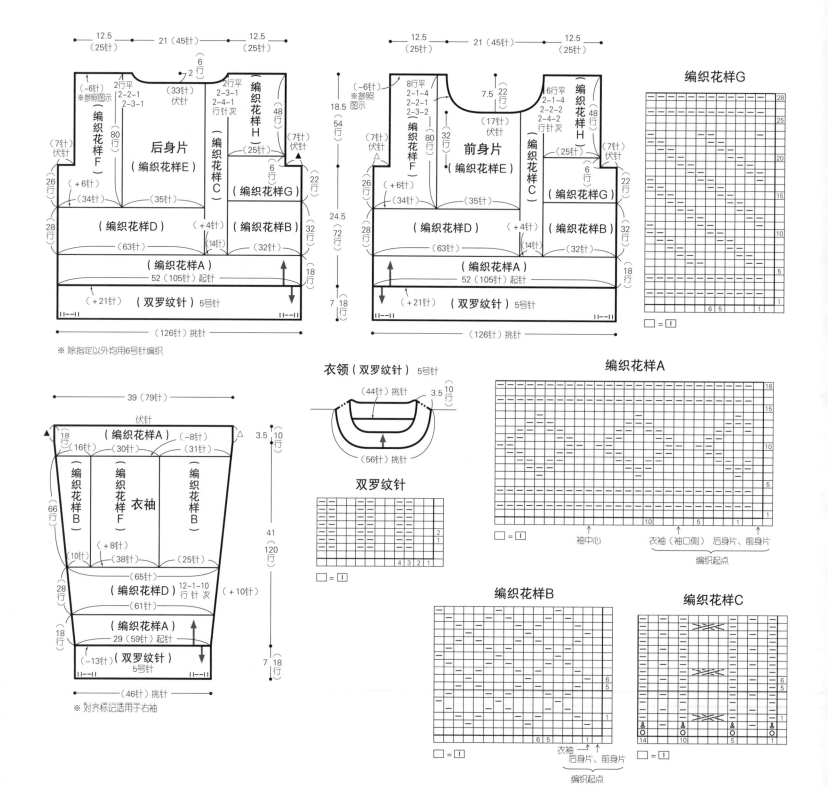

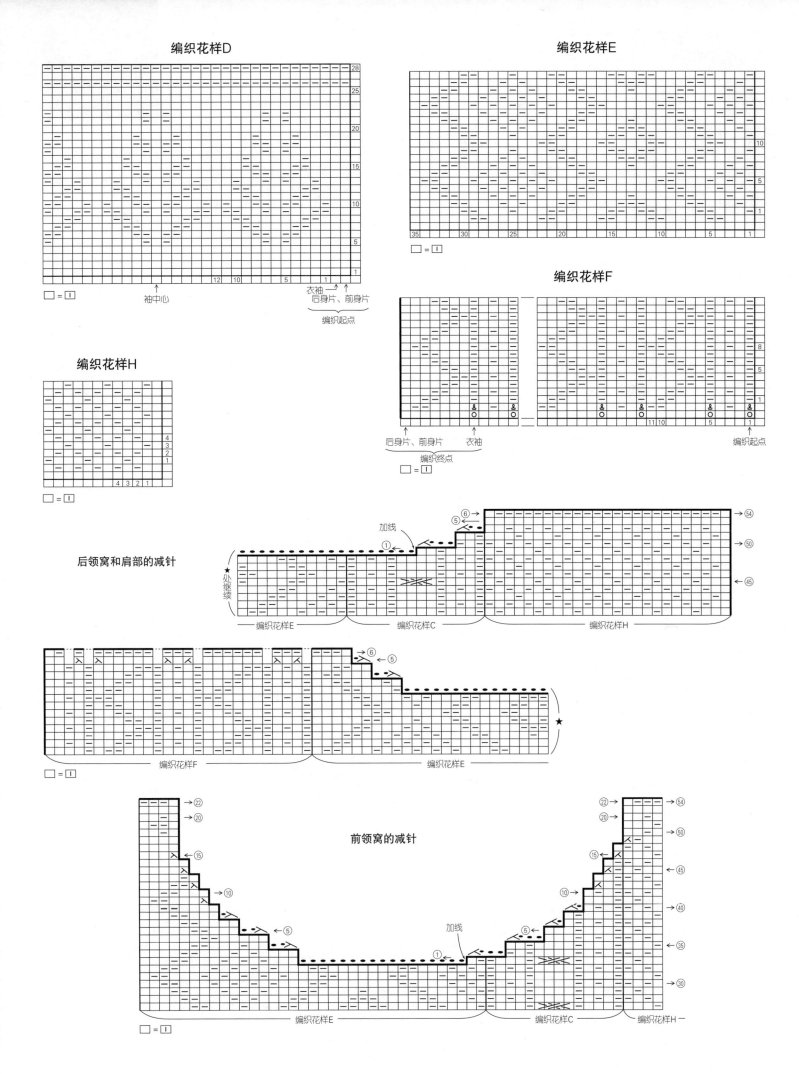

编织花样D

编织花样E

编织花样F

编织花样H

后领窝和肩部的减针

前领窝的减针

□ = ፤

材料
DARUMA Merino DK 毛线的色名、色号及用量请参照第115页表

工具
棒针6号、7号、4号

成品尺寸
[S号] 衣长49.5cm
[M号] 衣长51.5cm
[L号] 衣长54cm
[XL号] 衣长56cm

编织密度
10cm×10cm面积内：下针编织21针、30行（6号针），20针、28行（7号针）；配色花样22针、26行

编织要点
●身片、衣袖…衣领手指挂线起针，环形编织单罗纹针。前后差往返做下针编织。身片参照图示，一边分散加针，一边环形做下针编织、配色花样和边缘编织。采用横向渡线的方法编织配色花样。编织终点做伏针收针。衣袖从指定位置挑针，环形做下针编织和单罗纹针。编织终点做下针织下针、上针织上针的伏针收针。为避免连接衣袖处拉伸，需要缝合固定。

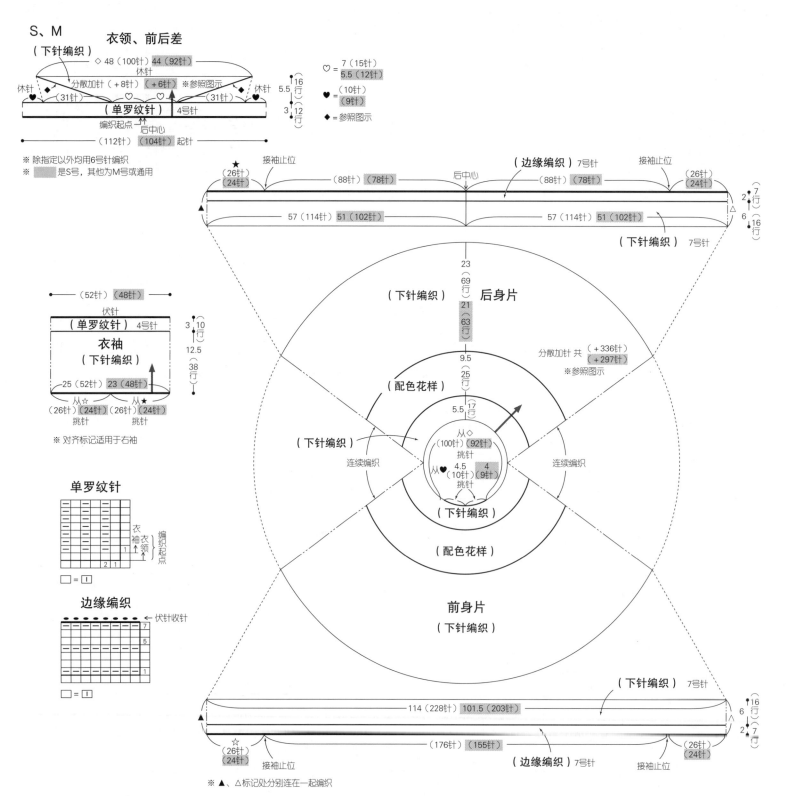

S、M
衣领、前后差
（下针编织）

◇48（100针）44（92针）休针

分散加针（+8针）（+6针）※参照图示

休针 ◆（31针）♡ ♡ ♡ ♡ ♡（31针）◆ 休针

（单罗纹针）4号针

5.5 16行
3 12行

编织起点 后中心
（112针）（104针）起针

♡ = 7（15针）5.5（12针）
♥ = （10针）（9针）
◆ = 参照图示

※除指定以外均用6号针编织
※ 是S号，其他为M号或通用

★（26针）（24针） 接袖止位 （88针）（78针） 后中心 （边缘编织）7号针 （88针）（78针） 接袖止位 （26针）（24针）
▲ 57（114针）51（102针） 57（114针）51（102针） △
2 7行
6 16行
（下针编织）7号针

（52针）（48针）
伏针
（单罗纹针）4号针
衣袖
（下针编织）
3 10行
12.5
38行
25（52针）23（48针）
从☆ 从★
（26针）（24针）（26针）（24针）
挑针 挑针
※对齐标记适用于右袖

单罗纹针
衣袖 衣领 编织起点
□ = |

边缘编织
伏针收针
7 5
□ = |

23（69行）21（63行）
（下针编织）**后身片**
9.5
分散加针 共（+336针）（+297针）
※参照图示
25（17行）
（配色花样）
5.5 17行
（下针编织）
从◇（100针）（92针）挑针
从♥ 4.5（10针）4（9针）挑针
连续编织 连续编织
（下针编织）
（配色花样）
前身片
（下针编织）

（下针编织）7号针
114（228针）101.5（203针）
6 16行
2 7行
☆（26针）（24针）接袖止位 （176针）（155针）（边缘编织）7号针 接袖止位 （26针）（24针）

※▲、△标记处分别连在一起编织

114

毛线的色名、色号及用量

色名（色号）	S号	M号	L号	XL号
驼色（4）	320g/8团	380g/10团	450g/12团	520g/13团
原白色（1）	20g/1团	25g/1团	25g/1团	25g/1团
深棕色（10）	20g/1团	20g/1团	25g/1团	25g/1团

L、XL　　衣领、前后差

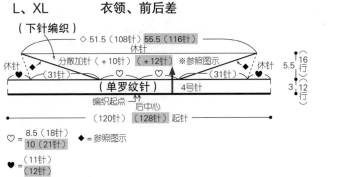

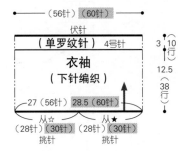

※ 对齐标记适用于右袖

※ 除指定以外均用6号针编织
※ ▨ 是XL号，其他为L号或通用

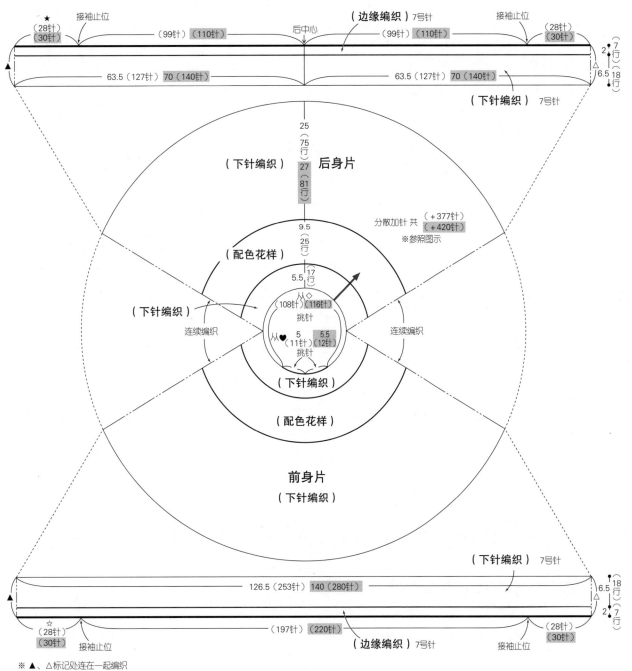

※ ▲、△标记处连在一起编织

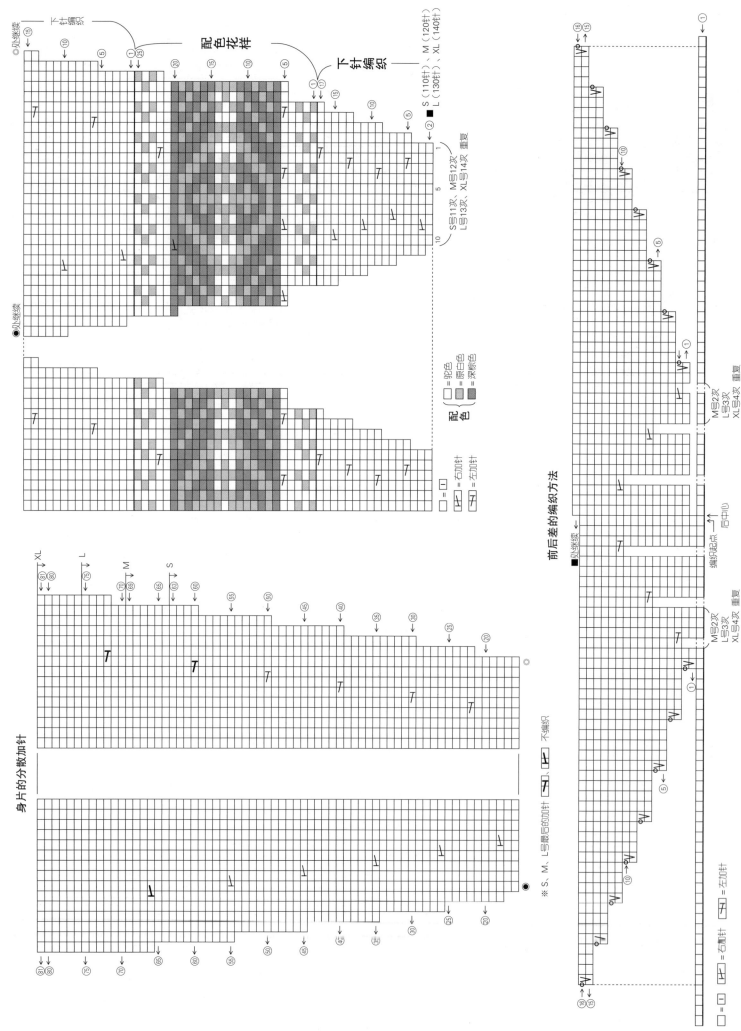

配色花样

下针编织

下针编织

配色 { □=驼色 □=原白色 ■=深棕色 }

□=□
下=右加针 下=左加针
□=□

S（110针）、M（120针）
■=② L（130针）、XL（140针）

S号11次、M号12次
L号13次、XL号14次 重复

身片的分散加针

XL L M S

※ S、M、L号最后的加针 下 ，下 不编织

前后差的编织方法

M号2次
L号3次
XL号4次 重复

后中心
编织起点

M号2次
L号3次
XL号4次 重复

□=□ 下=右加针 下=左加针

材料

Hedgehog Fibres KIDSILK LACE 绿色、水蓝色、紫色系段染（Down By The River）
50g/1桄

工具

钩针 7/0 号、6/0 号

成品尺寸

宽 26cm，长 106.5cm

编织密度

编织花样 1 个花样 4.7cm，12.5 行 10cm

编织要点

●锁针起针，做边缘编织。接着参照图示挑针，做编织花样。

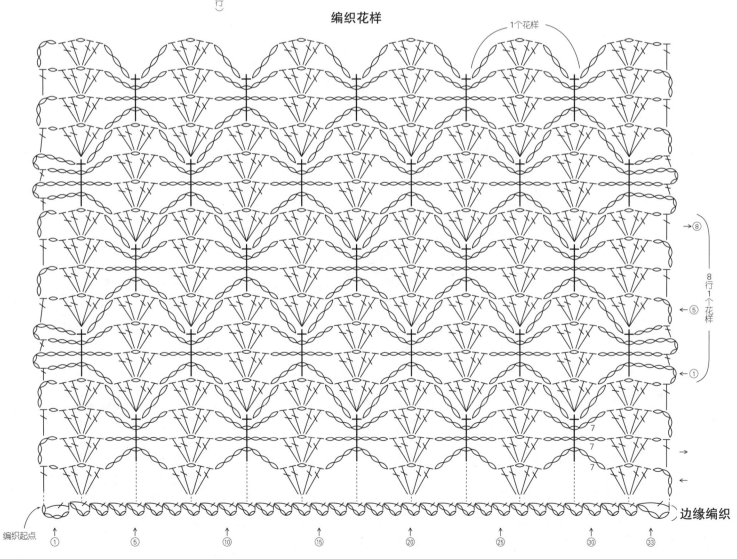

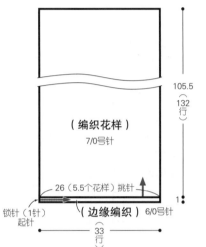

（编织花样）
7/0号针

105.5
（132行）

26（5.5个花样）挑针

锁针（1针）
起针

（边缘编织） 6/0号针

33行

1

= 立织3针锁针，按照引拔狗牙针的要领将钩针插入前一行长针头部的前面半针和底部1根线，钩织长针

= 一边包住下方3行的锁针，一边挑起下方第4行的锁针，钩织短针（第4行挑起边缘编织的长针）

编织花样

1个花样

→⑧

8行1个花样

←⑤

→①

7

7

7

→

←

边缘编织

编织起点

① ⑤ ⑩ ⑮ ⑳ ㉕ ㉚ ㉝

材料

ROWAN Kid Classic 灰青色（00856）315g/
7团

工具

棒针8号、5号

成品尺寸

胸围106cm，衣长62.5cm，连肩袖长69cm

编织密度

10cm×10cm面积内：下针编织、编织花样
均为19针，26.5行

编织要点

●育克、身片、衣袖…育克另线锁针起针，参
照图示做下针编织、编织花样和边缘编织。
后身片、前身片从育克挑取指定数量的针目，
腋下针目卷针起针，一起做下针编织、边缘
编织和单罗纹针。注意胁部1针编织上针。
编织终点做下针织下针、上针织上针的伏针
收针。衣袖从育克的休针和腋下针目挑针，
环形做下针编织和单罗纹针，袖下1针编织
上针。编织终点和下摆一样收针。

●组合…衣领解开起针时的另线挑针，参照
图示做i-cord收针。编织终点和前门襟做
下针无缝缝合。

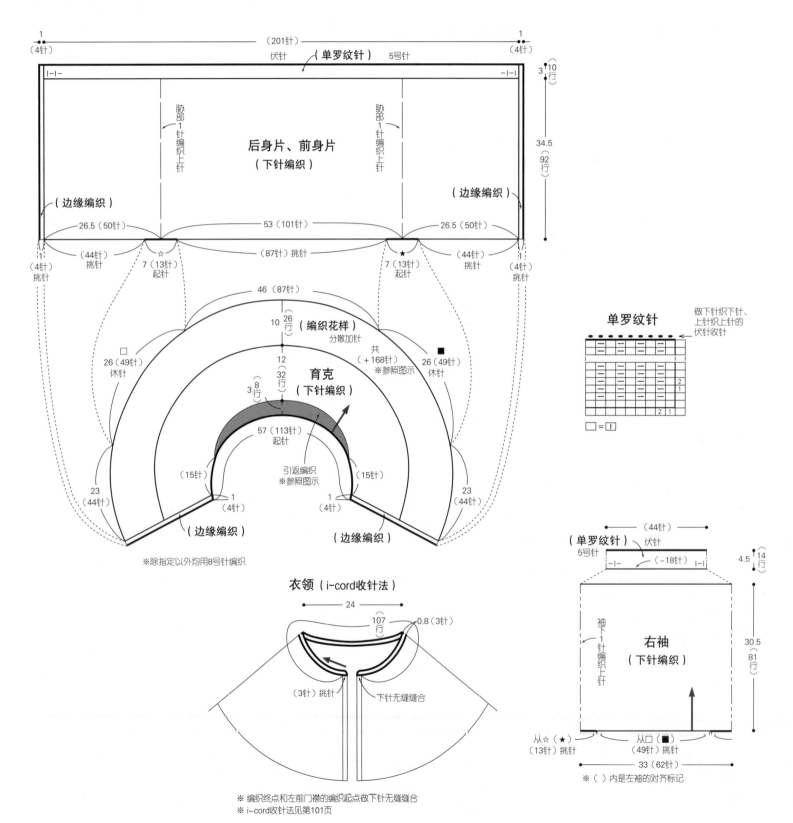

单罗纹针

※编织终点和左前门襟的编织起点做下针无缝缝合
※i-cord收针法见第101页

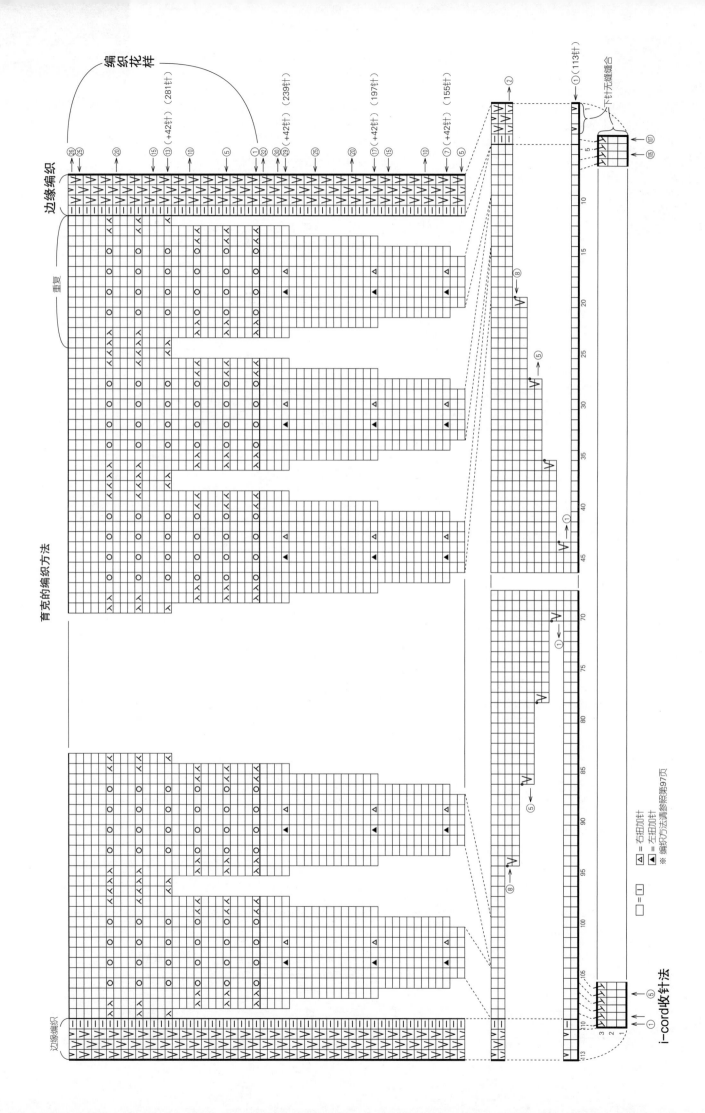

119

材料
ROWAN Felted Tweed 毛线的色名、色号
及用量请参照下表
工具
棒针6号、4号
成品尺寸
[S号] 胸围100cm，肩宽39cm，衣长66cm，
袖长63.5cm
[M号] 胸围120cm，肩宽45cm，衣长70cm，
袖长68.5cm
编织密度
10cm×10cm面积内：配色花样25针，26行

编织要点
●身片、衣袖…手指挂线起针，编织双罗纹
针、配色花样。采用横向渡线的方法编织配
色花样。减2针及以上时做伏针减针，减1
针时立起侧边1针减针。肩部按照相同方法
减针。领窝中心的针目休针。袖下加针时，
在1针内侧编织扭针加针。
●组合…右肩做下针无缝缝合。衣领挑取指
定数量的针目，往返编织双罗纹针。编织终
点做下针织下针、上针织上针的伏针收针。
左肩按照右肩方法缝合。胁部、袖下、衣领
侧边做挑针缝合，注意衣领翻折部分从反面
挑针缝合侧边。衣袖用半回针缝的方法缝
合于身片。

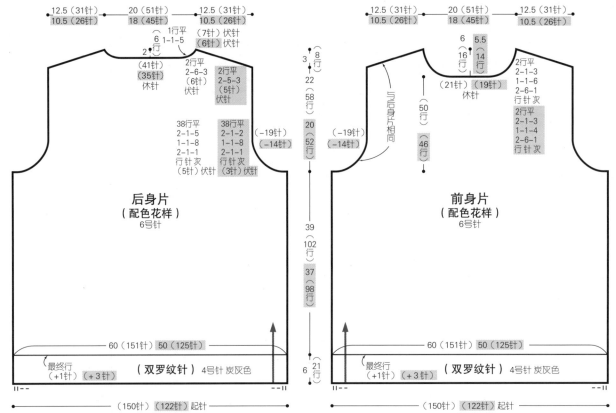

后身片
（配色花样）
6号针

前身片
（配色花样）
6号针

（双罗纹针）4号针 炭灰色

※ 是S号，其他为M号或通用

衣领
（双罗纹针）
4号针 炭灰色

从后身片
（53针）
（47针）挑针

从反面
挑针缝合

34行 15.5

52行 18

从正面
挑针缝合

下针无缝缝合

（57针）挑针
（51针）

毛线的色名、色号及用量

色名（色号）	S号	M号
炭灰色（159 Carbon）	5团	7团
浅灰色（197 Alabaster）	5团	6团

双罗纹针（衣领）
做下针织下针、
上针织上针的伏
针收针

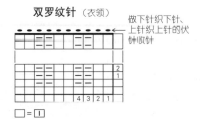

□ = ①

双罗纹针（下摆、袖口）

□ = ①

配色花样

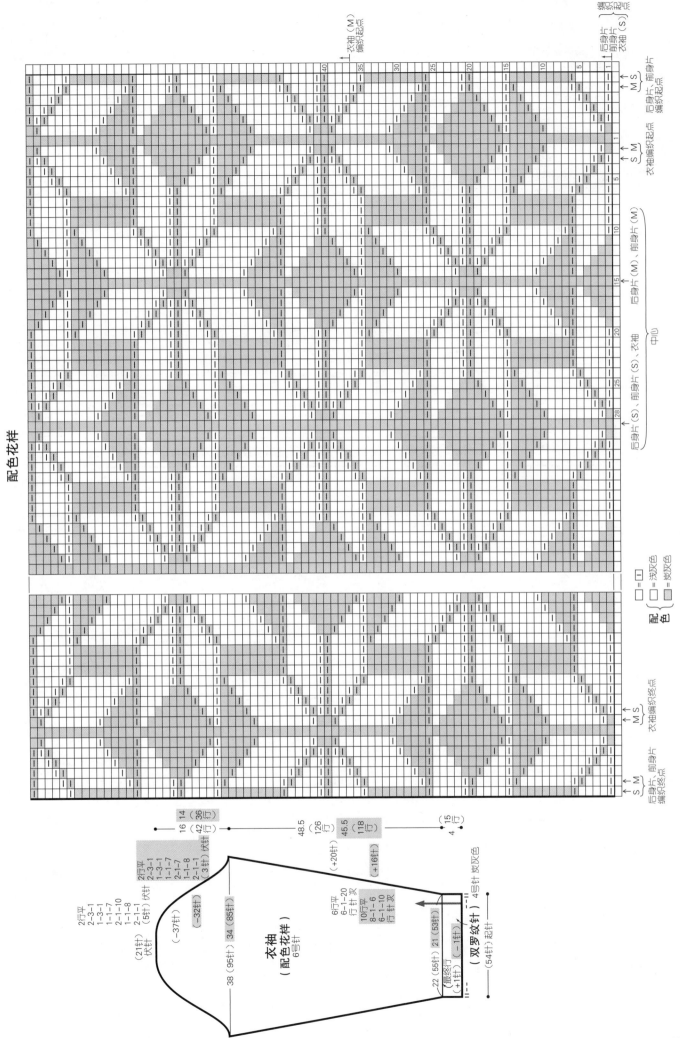

配色 { □=□ □=浅灰色 ▨=炭灰色 }

衣袖
（配色花样）
6号针

双罗纹针 4号针 炭灰色

121

材料
ROWAN Alpaca Soft DK 毛线的色名、色号及用量请参照下表

工具
棒针6号、4号

成品尺寸
[S号] 胸围91cm，衣长64.5cm，连肩袖长82.5cm

[M号] 胸围111cm，衣长69cm，连肩袖长91.5cm

编织密度
10cm×10cm面积内：下针编织22针，30行

编织要点
● 身片、衣袖…手指挂线起针，环形编织双罗纹针和下针编织。身片编织至前育克交界线处后，前中心的指定针数休针，往返做引返编织。袖下参照图示加针。

● 组合…育克从身片和衣袖挑针，参照图示一边分散加减针，一边编织配色花样。采用横向渡线的方法编织配色花样。衣领编织双罗纹针。编织终点做下针织下针、上针织上针的伏针收针。腋下针目做下针无缝缝合。

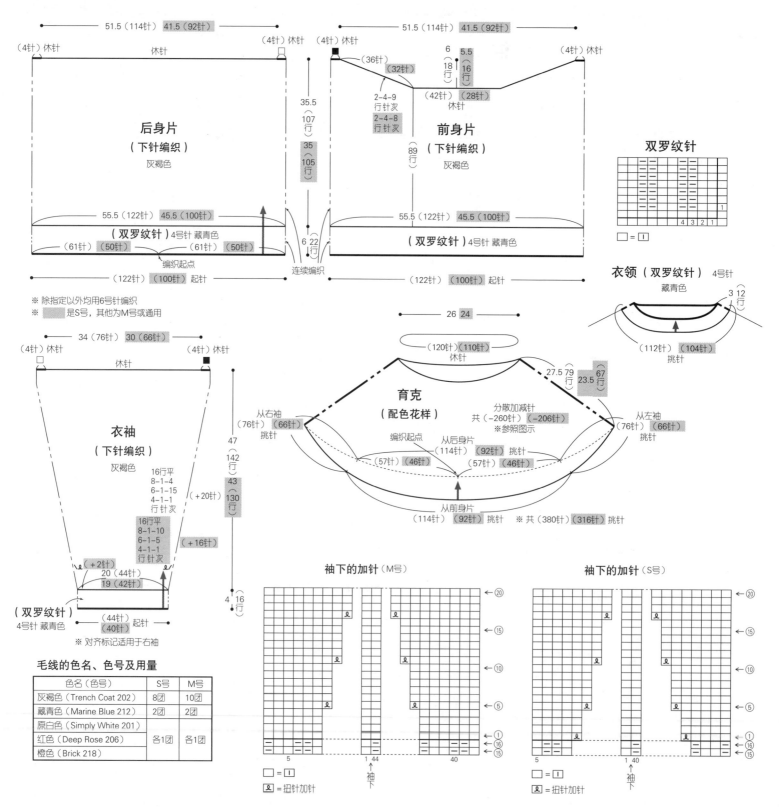

毛线的色名、色号及用量

色名（色号）	S号	M号
灰褐色（Trench Coat 202）	8团	10团
藏青色（Marine Blue 212）	2团	2团
原白色（Simply White 201）		
红色（Deep Rose 206）	各1团	各1团
橙色（Brick 218）		

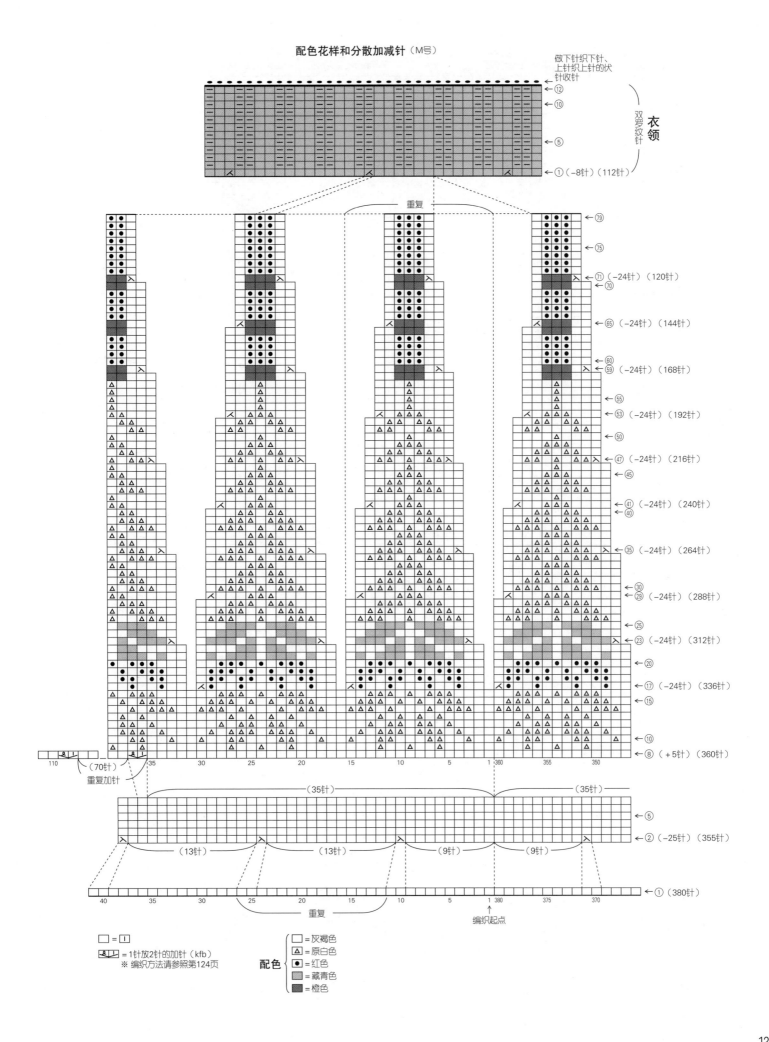

配色花样和分散加减针（M号）

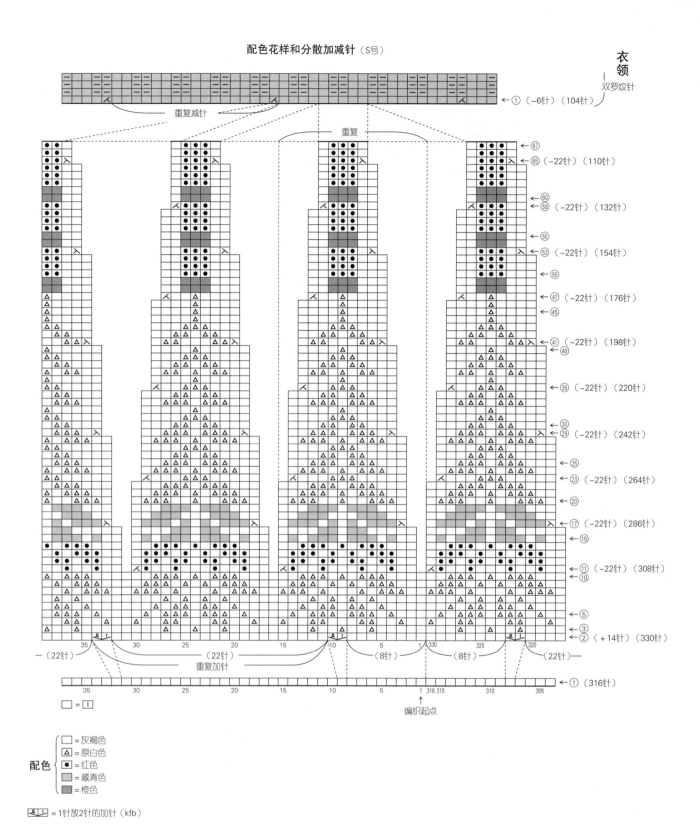

配色花样和分散加减针（S号）

衣领
双罗纹针

重复减针　　①（−6针）（104针）

重复

①（−6针）（104针）

←67
←65（−22针）（110针）
←60
←59（−22针）（132针）
←55
←53（−22针）（154针）
←50
←47（−22针）（176针）
←45
←41（−22针）（198针）
←40
←35（−22针）（220针）
←30
←29（−22针）（242针）
←25
←23（−22针）（264针）
←20
←17（−22针）（286针）
←15
←11（−22针）（308针）
←10
←5
←3
←2（+14针）（330针）

−（22针）
（22针）
重复加针
（8针）
（8针）
（22针）

35　30　25　20　15　10　5　1　330　325　320

←①（316针）

35　30　25　20　15　10　5　1　316　315　310　305

编织起点

□ = □

配色 {
□ = 灰褐色
△ = 原白色
● = 红色
■ = 藏青色
■ = 橙色
}

= 1针放2针的加针（kfb）

1针放2针的加针（kfb）

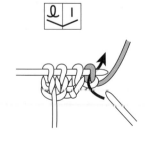
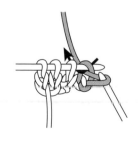
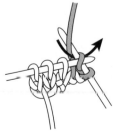
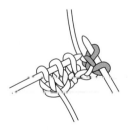

1 端头1针编织下针，针目不从左棒针上取下。　2 像编织扭针一样将右棒针插入。　3 挂线并拉出。　4 在1针中编织了2针下针。

124

接第126页

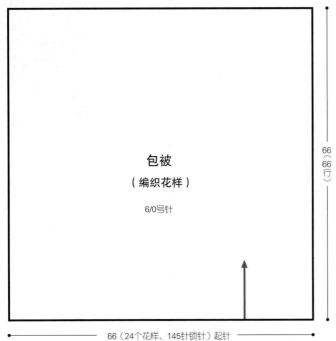

包被

（编织花样）

6/0号针

66（24个花样、145针锁针）起针

66（66行）

编织花样

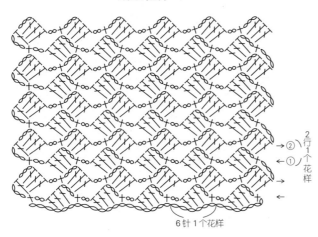

→② ↑① 2行1个花样

← ↑

6针1个花样

婴儿鞋 2片

（起伏针）6号针

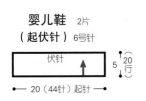

伏针

5（20行）

20（44针）起针

4.5

①在4.5cm宽的厚纸上绕30圈线

小绒球 2个

②在中间扎紧，将两端的线圈剪断

3

③修剪成球形

婴儿鞋的组合方法

①将织物对折，在鞋底、鞋面、鞋尖做卷针缝

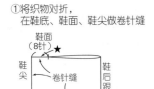

鞋面（8针）★

鞋尖

鞋后跟

卷针缝

②在★位置缝上小绒球

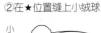

小绒球

10

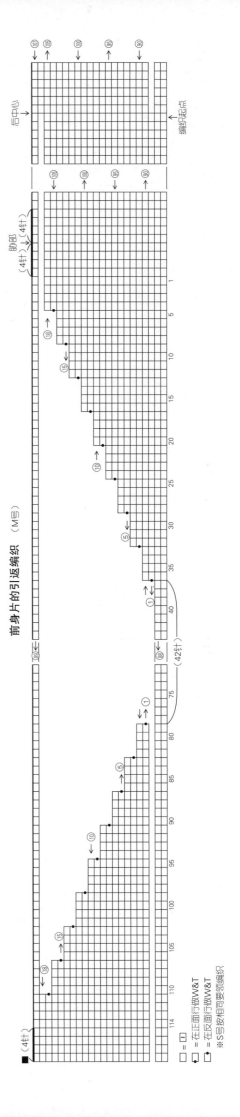

前身片的引返编织 （M号）

后中心

胁部（4针）（4针）

编织起点

42针

□=□

□=在正面行做W&T

□=在反面行做W&T

※S号按相同要领编织

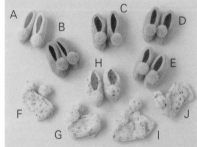

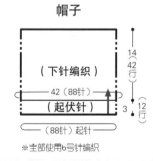

材料

芭贝 Baby Anny、Baby Anny Print 毛线的色名、色号和用量请参照下表

[开衫] 直径15mm 的纽扣 2 颗

工具

棒针 6 号，钩针 6/0 号

成品尺寸

[开衫] 胸围60cm，衣长30cm，连肩袖长31cm

[帽子] 帽围42cm

[婴儿鞋] 鞋底长10cm

[包被] 66cm×66cm

编织密度

10cm×10cm 面积内：起伏针19针，40行（开衫）；22针，40行（婴儿鞋）；下针编织21针，30行

编织花样的1个花样2.7cm，10cm10行

编织要点

●开衫…身片手指挂线起针后开始编织起伏针。肩部做下针无缝缝合。衣袖从指定位置挑针编织起伏针。编织终点做伏针收针。胁部、袖下做挑针缝合。最后缝上纽扣。

●帽子…手指挂线起针后，环形编织起伏针和下针。编织终点休针，正面朝内重叠做引拔接合。

●婴儿鞋…手指挂线起针后开始编织起伏针。编织终点做伏针收针。参照图示做卷针缝，制作小绒球并缝好。

●包被…锁针起针后，按编织花样钩织。

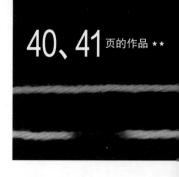

40、41 页的作品 ★★

毛线的色名、色号和用量

		线名	色名（色号）	用量
开衫		Baby Anny	绿色（104）	150g / 4团
帽子		Baby Anny Print	原白色加蓝色、褐色和绿色系彩点（205）	35g / 1团
包被	A	Baby Anny	原白色（101）	各240g / 各6团
	B	Baby Anny Print	原白色加粉红色、黄色和黄绿色系彩点（202）	
婴儿鞋	A	Baby Anny	原白色（101）	各20g / 各1团
	B		蓝色（105）	
	C		绿色（104）	
	D		黄色（102）	
	E		粉红色（103）	
	F	Baby Anny Print	原白色加粉红、紫色和橘黄色系彩点（204）	
	G		原白色加水蓝色、黄色和橘黄色系彩点（203）	
	H		原白色加粉红色、黄色和黄绿色系彩点（202）	
	I		原白色加黄色、薄荷色和浅粉色系彩点（201）	
	J		原白色加蓝色、褐色和绿色系彩点（205）	

开衫

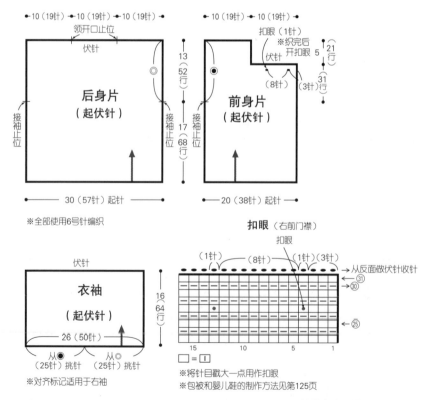

起伏针

□ = 1

帽子

（下针编织）

14（42）行

42（88针）

（起伏针）

3（12）行

（88针）起针

※主部使用6号针编织

10（19针）→ 10（19针）→ 10（19针）→

领开口止位

伏针

后身片（起伏针）

13（52）行

接袖止位

接袖止位

17（68）行

30（57针）起针

※全部使用6号针编织

10（19针）→ 10（19针）→

扣眼（1针）

※织完后开扣眼 5

伏针

前身片（起伏针）

（8针）

（3针）

21行

31行

接袖止位

20（38针）起针

伏针

衣袖（起伏针）

16（64）行

26（50针）

从●（25针）挑针

从●（25针）挑针

※对齐标记适用于右袖

扣眼（右前门襟）

扣眼

（1针）（8针）（1针）（3针）

→从反面做伏针收针

←31

→30

←25

15 10 5 1

□ = 1

※将针目戳大一点用作扣眼

※包被和婴儿鞋的制作方法见第125页

*其他内容见第125页

材料
芭贝 British Fine 毛线的色名、色号及用量
请参照下表
工具
棒针3号、1号
成品尺寸
帽围56cm
编织密度
10cm×10cm面积内：配色花样A、B、C
均为33针，33行

编织要点
●另线锁针起针，环形编织配色花样A、B、C。采用横向渡线的方法编织配色花样。参照图示分散加减针。编织终点穿线收紧针目。解开锁针起针时的另线挑针，编织配色花样双罗纹针。编织终点做下针织下针、上针织上针的伏针收针。

35 页的作品 ★★★

配色和毛线的色名、色号及用量

色名（色号）	用量
□ 浅灰混合色（019）	25g/1团
湖蓝色（092）	15g/1团
灰蓝色（062）	10g/1团
△ 浅黄绿色（073）	4g/1团
灰红色（013）	
■ 芥末黄色（065）	各2g/各1团
◉ 黄绿色（091）	

配色花样B

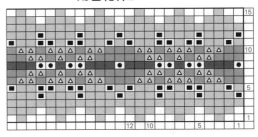

□ = □

穿线收紧（帽顶）

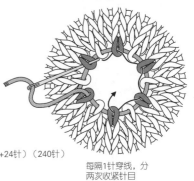

每隔1针穿线，分
两次收紧针目

配色花样双罗纹针

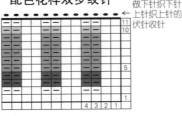

做下针织下针、
上针织上针的
伏针收针

□ = □

收紧帽顶
（16针）

分散减针
共（−224针）
※参照图示

（配色花样C）

（配色花样B）

（配色花样A）

分散加针
共（+56针）
※参照图示

（配色花样双罗纹针）

73（240针）

56（184针）起针

（−16针）

（168针）挑针

10   33行

4.5   15行

6   20行

3   11行

1号针

※除指定以外均用3号针编织

配色花样A和分散加针
8针1个花样

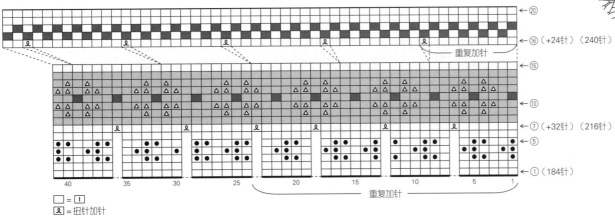

←⑳
←⑯（+24针）（240针）
重复加针
←⑮
←⑩
←⑦（+32针）（216针）
←⑤
←①（184针）

40 35 30 25 20 15 10 5 1

重复加针

□ = □
Ω = 扭针加针

配色花样C和分散减针

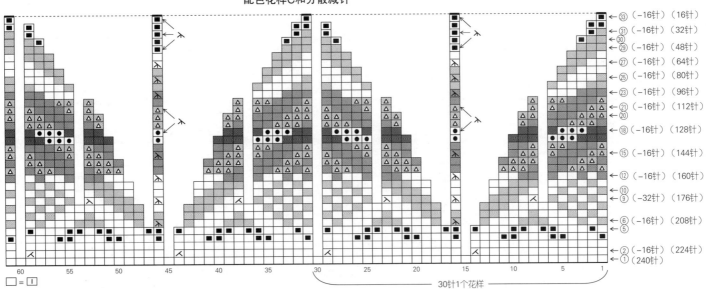

←㉝（−16针）（16针）
←㉛（−16针）（32针）
←㉚
←㉙（−16针）（48针）
←㉗（−16针）（64针）
←㉕（−16针）（80针）
←㉓（−16针）（96针）
←㉑（−16针）（112针）
←⑳
←⑱（−16针）（128针）
←⑮（−16针）（144针）
←⑫（−16针）（160针）
←⑩
←⑨（−32针）（176针）
←⑥（−16针）（208针）
←⑤
←②（−16针）（224针）
←①（240针）

60 55 50 45 40 35 30 25 20 15 10 5 1

□ = □

30针1个花样

127

材料
芭贝 British Fine 毛线的色名、色号及用量
请参照下表
工具
棒针3号、2号、1号
成品尺寸
胸围104cm，衣长57.5cm，连肩袖长75.5cm
编织密度
10cm×10cm面积内：下针编织、配色花样
均为31针，36行

编织要点
●身片、衣袖…手指挂线起针，编织双罗纹针、配色花样A和下针编织。采用横向渡线的方法编织配色花样。腋下针目伏针，插肩线减针时，端头第3针和第4针编织2针并1针。袖下加针时，在1针内侧编织扭针加针。编织终点休针。
●组合…插肩线、胁部、袖下做挑针缝合，腋下针目做下针无缝缝合。育克从身片和衣袖挑针，一边分散减针，一边编织配色花样B。衣领编织双罗纹针，编织终点做下针织下针、上针织上针的伏针收针。

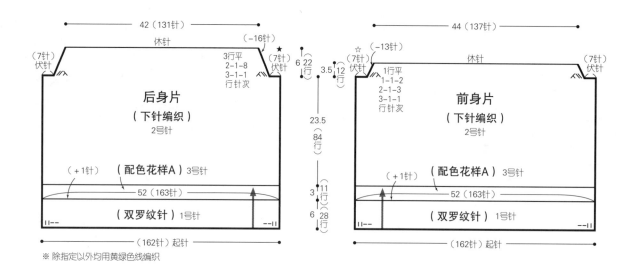

42（131针）　　　休针　　　（−16针）
（7针）伏针　　　　　　　3行平 2-1-8 3-1-1 行针次　（7针）伏针　6 22行
后身片
（下针编织）2号针
（+1针）（配色花样A）3号针
52（163针）
（双罗纹针）1号针
（162针）起针
※除指定以外均用黄绿色线编织

44（137针）　　　（−13针）☆　　休针　　（7针）伏针
3.5 12　　1行平 1-1-2 2-1-3 3-1-1 行针次
前身片
（下针编织）2号针
23.5 84行
（+1针）（配色花样A）3号针
52（163针）
3 11行
（双罗纹针）1号针
6 28行
（162针）起针

27（84针）
（−16针）★ 引返编织　　休针　（−13针）☆
6 22行 （7针）伏针　2-9-1 2-8-4　（43针）　（7针）伏针
36（113针）　　2.5 10行 / 3.5 12行
与后身片相同　　与前身片相同
右袖
（下针编织）2号针
32 116行
5行平 6-1-18 3-1-1 行针次
（+19针）
（+1针）（配色花样A）3号针
24（75针）
3 11行
（双罗纹针）1号针
6 28行
（74针）起针
※对称编织左袖

配色花样A

8　5　1　　衣袖　身片　编织起点

配色
□ = 黄绿色
⊙ = 砖红色
▨ = 蓝紫色
□ = 原白混合色

□ = 下针

双罗纹针（下摆、袖口）
4 3 2 1 / 2 1
□ = 下针

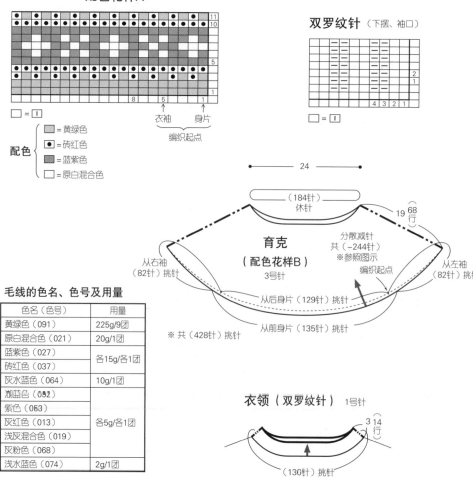

24
（184针）休针
19 68行
育克
（配色花样B）3号针
分散减针 共（−244针）※参照图示
编织起点
从右袖（82针）挑针　　从左袖（82针）挑针
从后身片（129针）挑针
从前身片（135针）挑针
※共（428针）挑针

衣领（双罗纹针）1号针
3 14行
（130针）挑针

毛线的色名、色号及用量

色名（色号）	用量
黄绿色（091）	225g/9团
原白混合色（021）	20g/1团
蓝紫色（027）	各15g/各1团
砖红色（037）	
灰水蓝色（064）	10g/1团
潮蓝色（052）	
紫色（053）	
灰红色（013）	各5g/各1团
浅灰混合色（019）	
灰粉色（068）	
浅水蓝色（074）	2g/1团

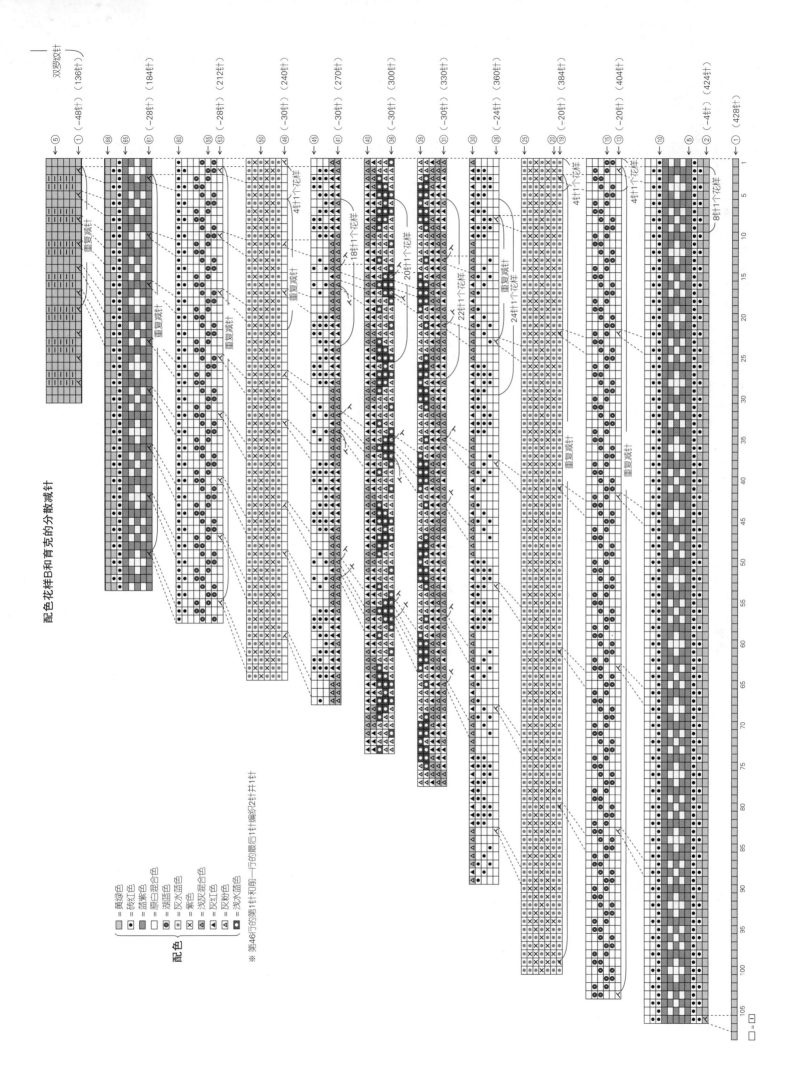

配色花样B和育克的分散减针

配色
= 黄绿色
● = 砖红色
■ = 蓝紫色
□ = 原白混合色
◉ = 湖蓝色
✕ = 灰灰混合色
◣ = 紫色
◪ = 浅灰混合色
◢ = 灰红色
◤ = 灰粉色
◓ = 浅水蓝色

※第46行的第1针和前一行的最后1针编织2针并1针

□ = □

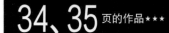

材料
芭贝 British Fine 毛线的色名、色号及用量
请参照下表及第132页表

工具
棒针3号、1号

成品尺寸
[女款]胸围94cm,肩宽35cm,衣长56cm
[男款]胸围102cm,肩宽40cm,衣长63.5cm

编织密度
10cm×10cm面积内:配色花样33针,34行

编织要点
●身片…手指挂线起针,编织双罗纹针、配色花样。采用横向渡线的方法编织配色花样。减2针及以上时做伏针减针,减1针时立起侧边1针减针。
●组合…肩部做盖针接合,胁部做挑针缝合。衣领、袖口挑取指定数量的针目,环形编织双罗纹针。编织终点做下针织下针、上针织上针的伏针收针。

女款

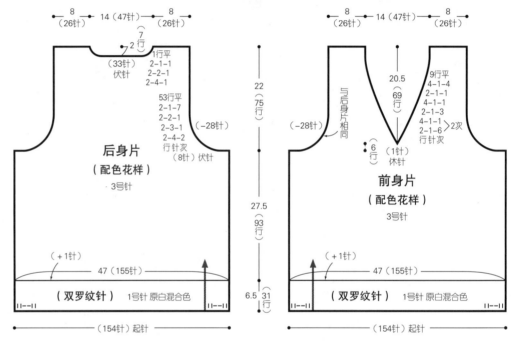

后身片(配色花样) · 3号针

前身片(配色花样) 3号针

(双罗纹针) 1号针 原白混合色

(154针)起针

衣领、袖口（双罗纹针）
1号针 原白混合色

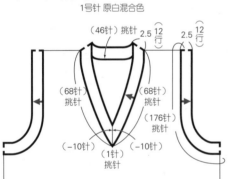

领尖的减针（通用）
做下针织下针、上针织上针的伏针收针

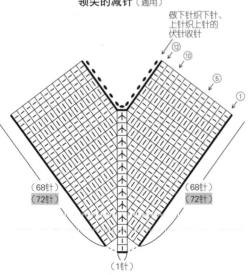

▨ 适用于男款,其他为女款或通用

双罗纹针

□ = ☐

毛线的色名、色号及用量（女款）

色名（色号）	用量
原白混合色（021）	75g/3团
灰蓝色（062）	35g/2团
浅黄绿色（073）	25g/1团
胭脂色（004）	
灰水蓝色（064）	各20g/各1团
芥末黄色（065）	
浅绿色（080）	15g/1团
蓝紫色（027）	
浅褐混合色（040）	各10g/各1团
绿色（055）	

配色花样

配色花样的配色

女款	
■	灰蓝色 (062)
●	浅黄绿色 (073)
△	灰水蓝色 (064)
●	蓝紫色 (027)
□	原白混合色 (021)
	芥末黄色 (065)
▲	胭脂色 (004)
□	浅绿色 (080)
◎	浅褐混合色 (040)
	绿色 (055)
☆	浅黄绿色 (073)
★	胭脂色 (004)

男款	
■	浅黄绿色 (073)
●	湖蓝色 (092)
△	原白色 (001)
●	黄色 (035)
□	灰红色 (013)
▲	黄绿色 (091)
□	蓝紫色 (027)
◎	浅水蓝色 (074)
	蓝色 (007)
☆	黄绿色 (091)
★	湖蓝色 (092)

男款
女款

中心
□ = □

131

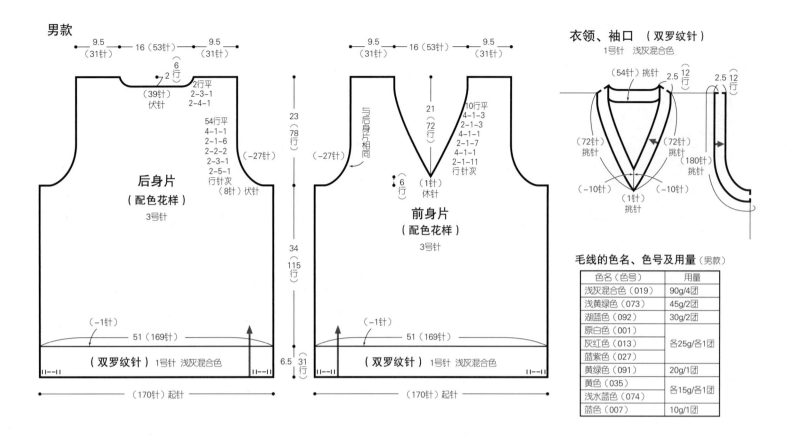

男款

后身片
（配色花样）
3号针

前身片
（配色花样）
3号针

衣领、袖口 （双罗纹针）
1号针 浅灰混合色

（双罗纹针）1号针 浅灰混合色

（双罗纹针）1号针 浅灰混合色

毛线的色名、色号及用量（男款）

色名（色号）	用量
浅灰混合色（019）	90g/4团
浅黄绿色（073）	45g/2团
湖蓝色（092）	30g/2团
原白色（001）	各25g/各1团
灰红色（013）	
蓝紫色（027）	
黄绿色（091）	20g/1团
黄色（035）	各15g/各1团
浅水蓝色（074）	
蓝色（007）	10g/1团

接第133页

编织花样B

编织花样A

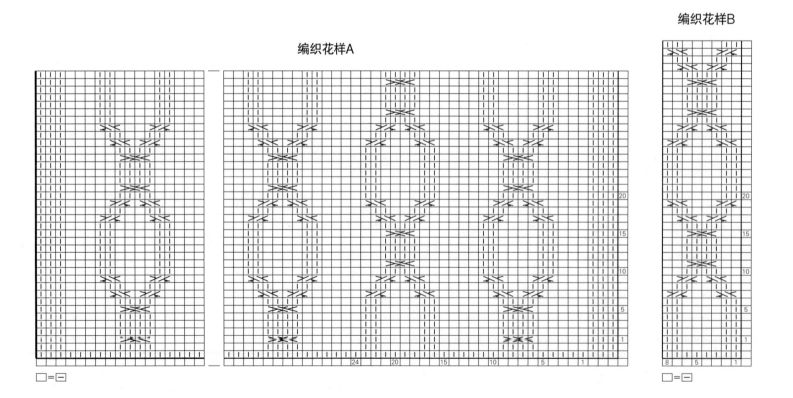

□=□

□=□

材料
Silk HASEGAWA GINGA-3 紫红色（130 VERY BERRY）225g/5团，SEIKA 深粉色（35 AZALEA）125g/5团

工具
棒针6号、4号

成品尺寸
胸围122cm，衣长62.5cm，连肩袖长73.5cm

编织密度
10cm×10cm面积内：编织花样A 23针，31行；上针编织22针，29行

编织要点
● 身片、衣袖… 全部使用GINGA-3和

SEIKA 各1根线合股编织。手指挂线起针后开始编织双罗纹针。接着身片做编织花样A，衣袖做上针编织和编织花样B。前领窝减2针及以上时做伏针减针，减1针时立起侧边1针减针。袖下的加针是在1针内侧做扭针加针。编织终点休针。

● 组合…肩部，衣袖对齐相同标记做针与行的接合。胁部、袖下做挑针缝合。衣领挑取指定数量的针目，环形编织双罗纹针。编织终点做下针织下针、上针织上针的伏针收针。

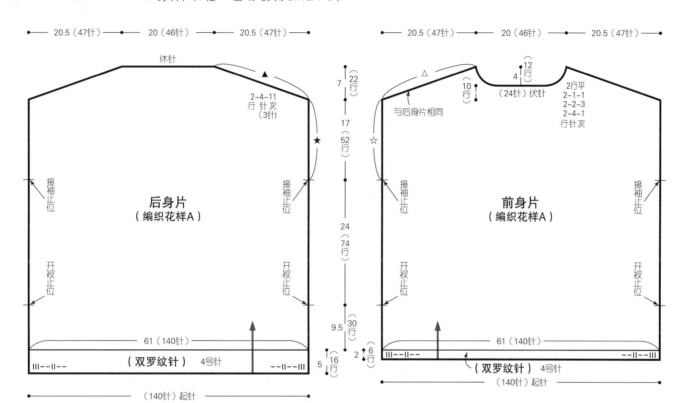

※ 全部使用GINGA-3和SEIKA各1根线合股编织
※ 除指定以外均用6号针编织

衣领
（双罗纹针）
4号针

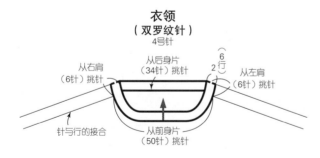

双罗纹针

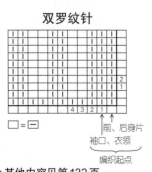

□ = □

前、后身片
袖口、衣领
编织起点

编织花样B的加针

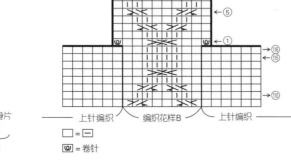

□ = □
◙ = 卷针

上针编织　编织花样B　上针编织

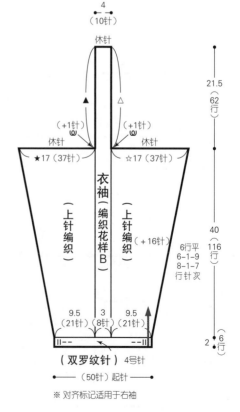

※ 对齐标记适用于右袖

*其他内容见第132页

133

材料

Hedgehog Fibres SKINNY SINGLES 粉红色、水蓝色和褐色系段染(Opalite) 415g/5桄,直径18mm的纽扣5颗

工具

棒针4号、2号

成品尺寸

胸围102cm,肩宽39cm,衣长57.5cm,袖长53cm

编织密度

10cm×10cm面积内:下针编织27.5针,38行

编织要点

●身片、衣袖…另线锁针起针后做下针编织。减2针及以上时做伏针减针,减1针时立起侧边1针减针。加针是在1针内侧做扭针加针。下摆、袖口解开起针时的另线挑针,编织双罗纹针。编织终点做下针织下针、上针织上针的伏针收针。

●组合…口袋从前身片的指定位置挑针,按编织花样和双罗纹针编织。编织终点与下摆一样收针。肩部做盖针接合,胁部、袖下、口袋侧边做挑针缝合。前门襟、衣领挑取指定数量的针目后编织双罗纹针,在右前门襟留出扣眼。编织终点与下摆一样收针。衣袖与身片之间做引拔接合。最后缝上纽扣。

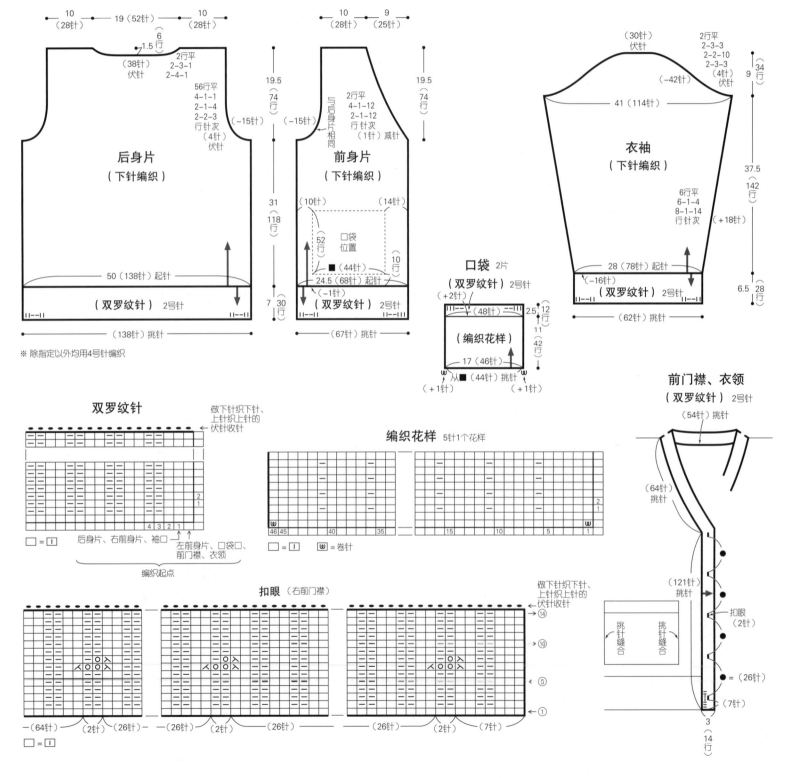

※除指定以外均用4号针编织

双罗纹针

编织花样 5针1个花样

口袋 2片

扣眼(右前门襟)

前门襟、衣领(双罗纹针) 2号针

材料
Silk HASEGAWA GINGA-3 翠蓝色(M-26 CAPRI)100g/2团, 浅水蓝色(M-25 SKY)75g/2团; SEIKA 浅灰色(16 RAINY DAY)75g/3团

工具
钩针 6/0 号

成品尺寸
胸围108cm, 衣长61cm, 连肩袖长55cm

编织密度
10cm×10cm面积内: 条纹花样20针, 13行

编织要点
● 身片…除指定以外均用GINGA-3和SEIKA各1根线合股编织。锁针起针, 前、后身片均参照图示从左胁部开始按条纹花样编织。

● 组合…根据身片的配色, 用GINGA-3的1根线进行拼接。肩部、衣袖钩织短针和锁针连接。右胁部、左袖下、左胁部、右袖下分别钩织短针和锁针连接。挑取指定数量的针目, 下摆和衣领按条纹边缘A、袖口按条纹边缘B做环状的往返编织。

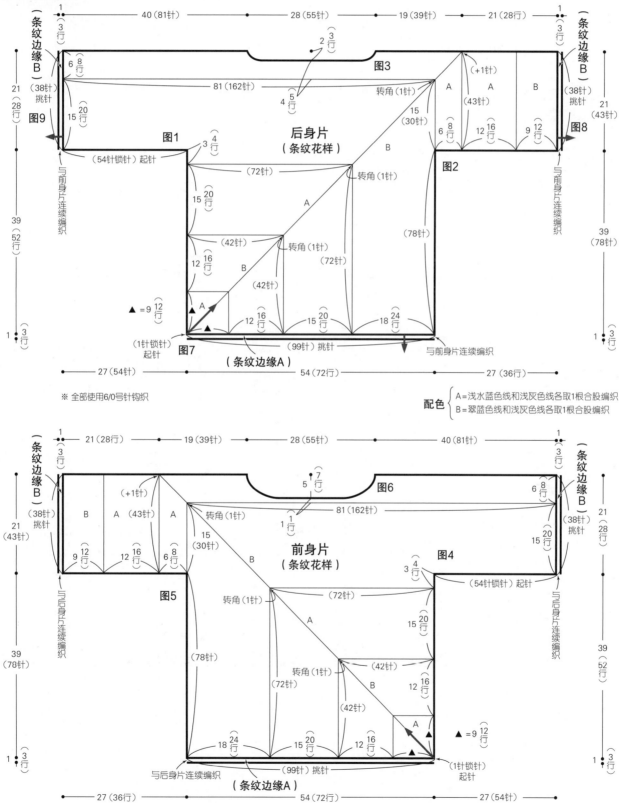

※ 全部使用6/0号针钩织

配色 { A=浅水蓝色线和浅灰色线各取1根合股编织
B=翠蓝色线和浅灰色线各取1根合股编织

条纹花样的加针

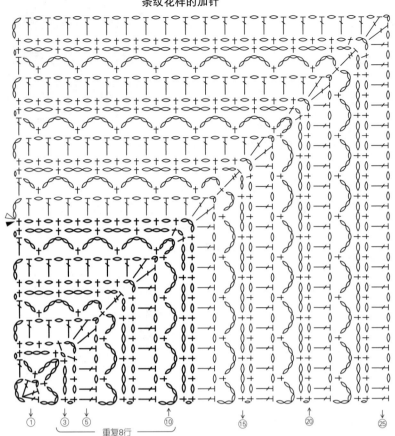

重复8行

条纹花样

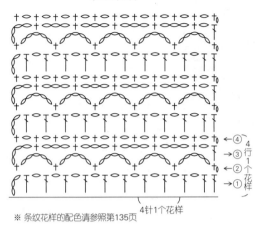

4行1个花样

4针1个花样

※ 条纹花样的配色请参照第135页

▷ =加线
► =剪线

配色 { ── =浅水蓝色线和浅灰色线各取1根合股编织
       ── =翠蓝色线和浅灰色线各取1根合股编织 }

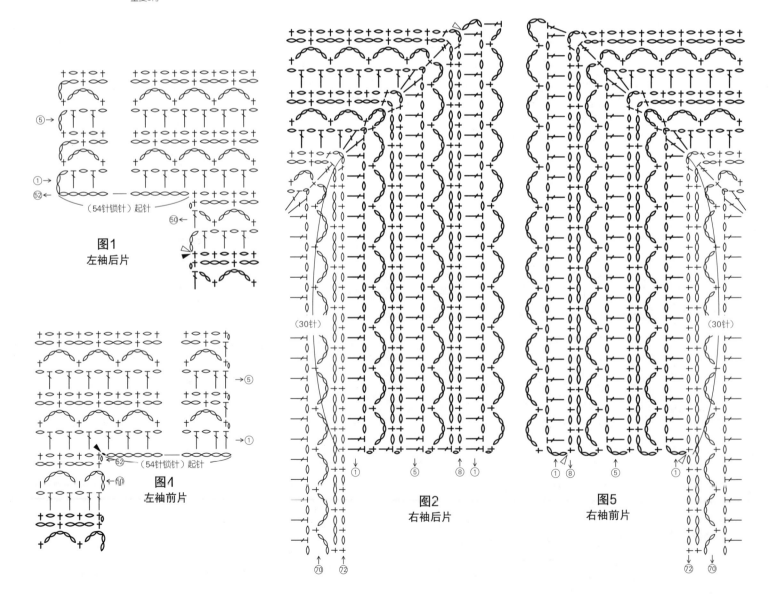

图1
左袖后片

（54针锁针）起针

图1
左袖前片

（54针锁针）起针

（30针）

（30针）

图2
右袖后片

图5
右袖前片

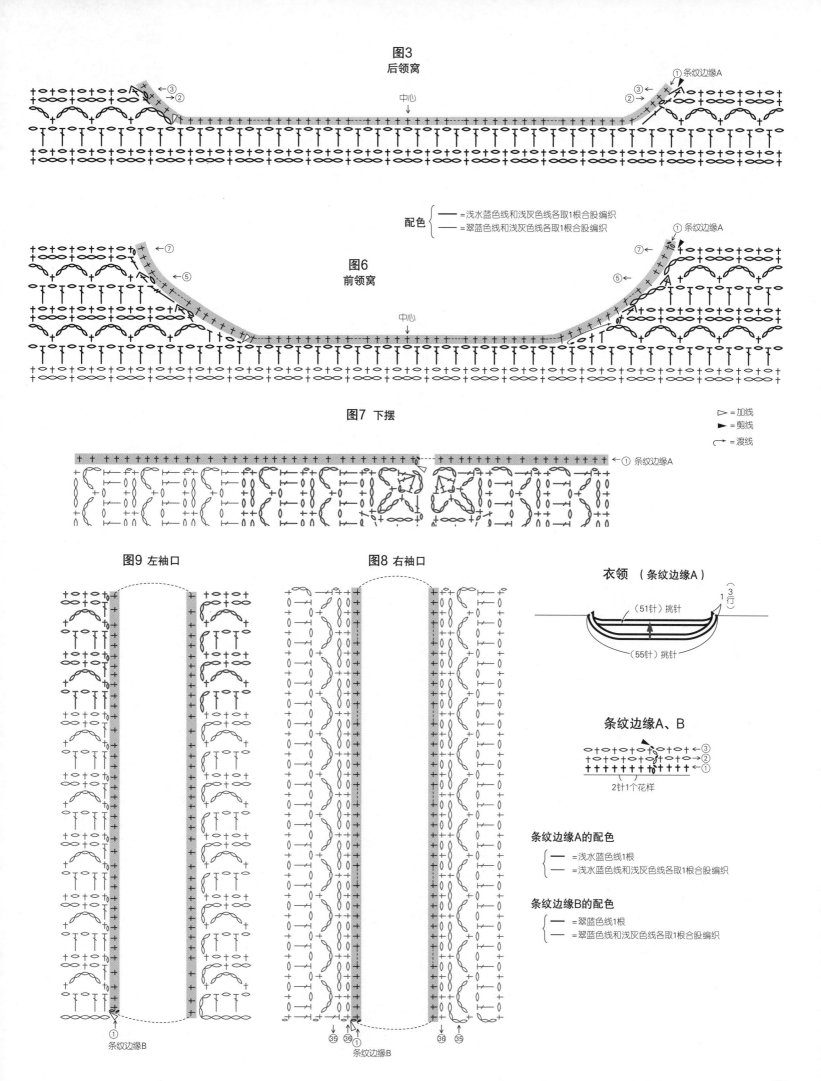

图3
后领窝

③←
②←

①条纹边缘A
②③←

中心

配色 { ━ =浅水蓝色线和浅灰色线各取1根合股编织
       ─ =翠蓝色线和浅灰色线各取1根合股编织

图6
前领窝

①条纹边缘A
⑦←
⑤←

⑦←
⑤←

中心

图7 下摆

①条纹边缘A

▷ =加线
► =剪线
⤴ =渡线

图9 左袖口

①
条纹边缘B

图8 右袖口

35 36 ①
条纹边缘B

36 35

衣领 （条纹边缘A）

（51针）挑针

（55针）挑针

1
3
行

条纹边缘A、B

③←
②←
①←

2针1个花样

条纹边缘A的配色
{ ━ =浅水蓝色线1根
  ─ =浅水蓝色线和浅灰色线各取1根合股编织

条纹边缘B的配色
{ ━ =翠蓝色线1根
  ─ =翠蓝色线和浅灰色线各取1根合股编织

材料
DMC Teddy 水蓝色（315）310g/7团；Woolly
浅灰色（121）70g/2团，浅水蓝色（071）
60g/2团，米黄色（111）55g/2团

工具
棒针7号、8号

成品尺寸
胸围92cm，肩宽36cm，衣长51.5cm，袖
长61cm

编织密度
10cm×10cm面积内：下针编织17针，
28.5行；配色花样20针，23行

编织要点
●身片、衣袖…身片手指挂线起针，环形编
织起伏针和下针。胁部参照图示减针。从袖
隆开始分成前、后身片分别做往返编织。减
2针及以上时做伏针减针，减1针时立起侧边
1针减针，前领窝的中心休针。衣袖与身片一
样起针后，按单罗纹针、起伏针和配色花样
编织。配色花样用横向渡线的方法编织。袖
下参照图示编织。
●组合…肩部做盖针接合。衣领挑取指定数
量的针目后环形编织起伏针。编织终点做伏
针收针。袖下做挑针缝合。衣袖与身片之间
做引拔接合。

38 页的作品 ★★★

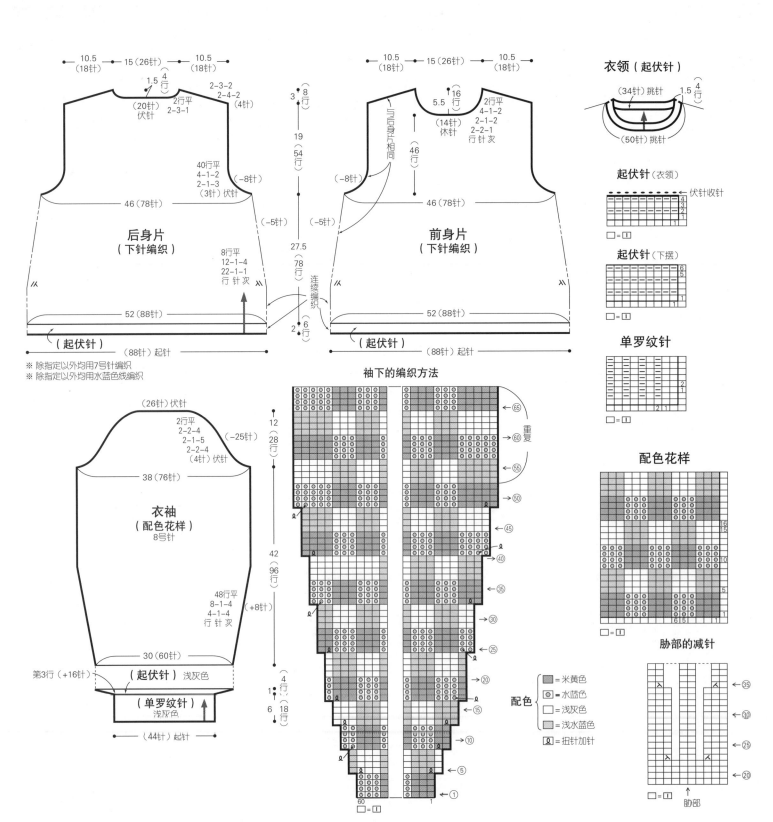

※除指定以外均用7号针编织
※除指定以外均用水蓝色线编织

后身片（下针编织）

前身片（下针编织）

衣领（起伏针）

起伏针（衣领）
伏针收针
□=□

起伏针（下摆）
□=□

单罗纹针
□=□

配色花样
□=□

袖下的编织方法

衣袖（配色花样）8号针

配色
■ 米黄色
◎ 水蓝色
□ 浅灰色
■ 浅水蓝色
Q 扭针加针

胁部的减针
□=□
↑
胁部

材料
DMC Teddy　原 白 色(318) 315g/7团，
Woolly 原白色(03) 250g/5团
工具
棒针4号、10号，钩针4/0号
成品尺寸
胸围108cm，衣长60cm，连肩袖长67.5cm
编织密度
10cm×10cm面积内：下针编织23针，37
行（4号针）；17针，27行（10号针）
编织要点
●身片、衣袖…身片手指挂线起针，右前身
片、后身片、左前身片连在一起做下针编织和

起伏针，前身片中央做下针编织。编织130
行后腋下的针目休针，分开编织右前身片、后
身片、左前身片。后领口从反面做伏针收针，
前领口从正面做伏针收针。分别对齐相同标
记▲、△做挑针缝合。肩部的29针做引拔接
合。衣袖从指定位置挑针，环形编织下针和
双罗纹针。编织终点做双罗纹针收针。
●组合…口袋与身片一样起针后做下针编
织，编织终点做伏针收针。口袋侧边与身片
做挑针缝合。下摆挑取指定数量的针目后
环形编织双罗纹针，口袋底部与身片重叠在
一起挑针。编织终点与袖口一样收针。

39 页的作品 ★★★

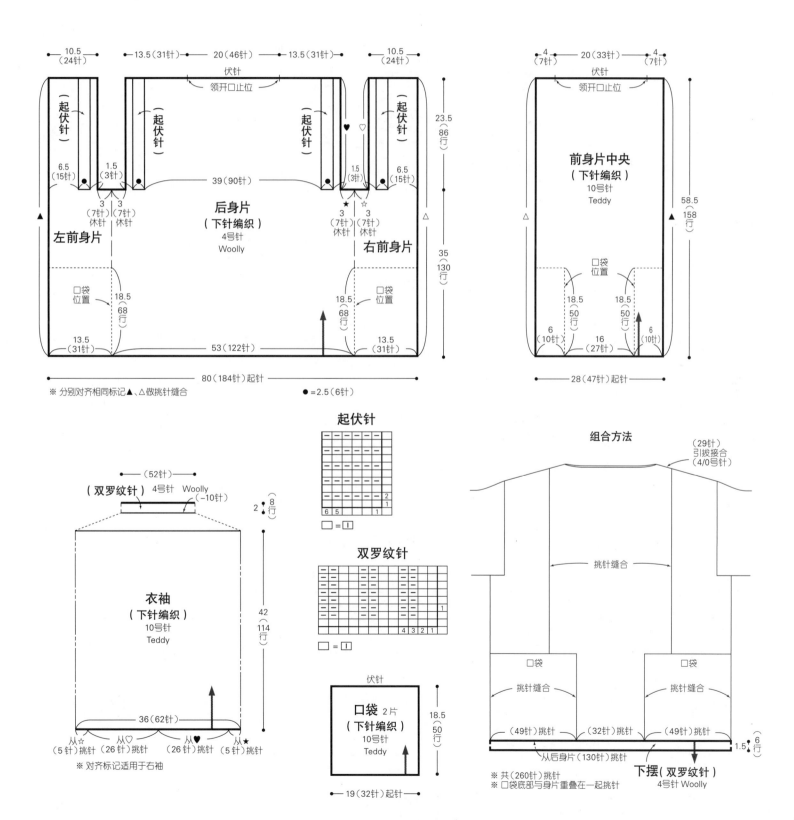

材料

Silk HASEGAWA SEIKA 白色(1 WHITE) 110g/5团；GINGA-3 绿色(76 HISUI)、浅黄绿色(116 MELON) 各65g/各2团，黄绿色(75 COBALT GREEN)60g/2团，浅绿色(74 PEARL GREEN)40g/1团，淡绿色(73 OPAL)25g/1团

工具

钩针5/0号、6/0号

成品尺寸

胸围92cm,衣长46.5cm,连肩袖长51.5cm

编织密度

10cm×10cm面积内：条纹花样23针，11行(5/0号针)

编织要点

●育克、身片、衣袖…全部使用指定的线合股编织。育克用a色线锁针起针，按条纹花样环形钩织。参照图示加针。接着在后身片往返钩织3行作为前后差。前、后身片从育克针目以及腋下的c色线锁针起针上挑针，按条纹花样钩织。注意钩织8行后换针，参照图示一边钩织一边分散加针。接着钩织边缘。衣袖从育克、腋下起针、前后差上挑针，钩织条纹花样和边缘。

●组合…衣领挑取指定数量的针目，钩织边缘。

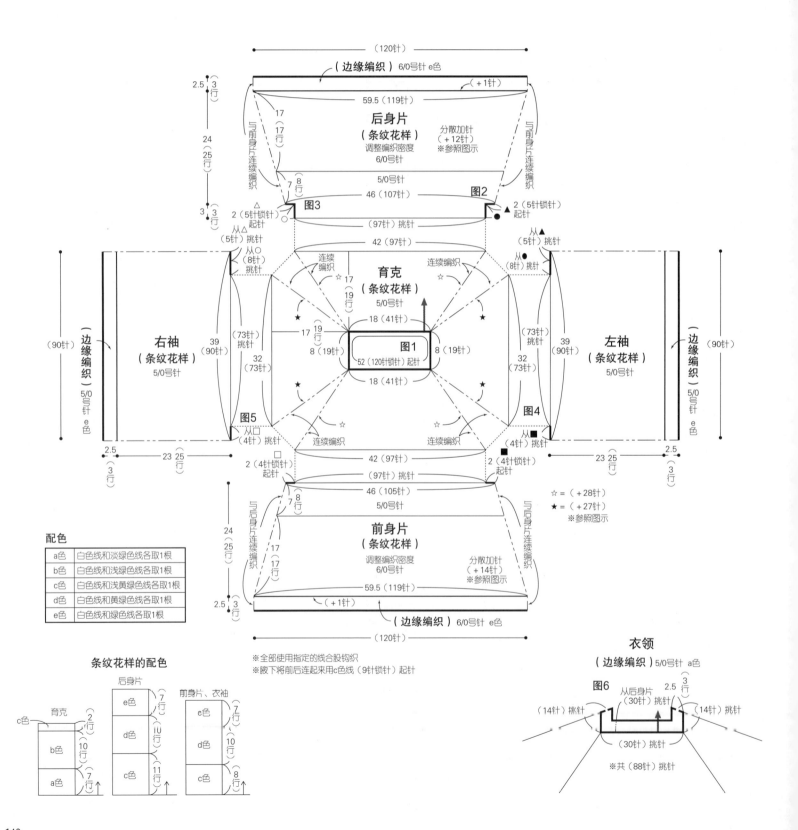

45 页的作品 ★★★

配色

a色	白色线和淡绿色线各取1根
b色	白色线和浅绿色线各取1根
c色	白色线和浅黄绿色线各取1根
d色	白色线和黄绿色线各取1根
e色	白色线和绿色线各取1根

条纹花样的配色

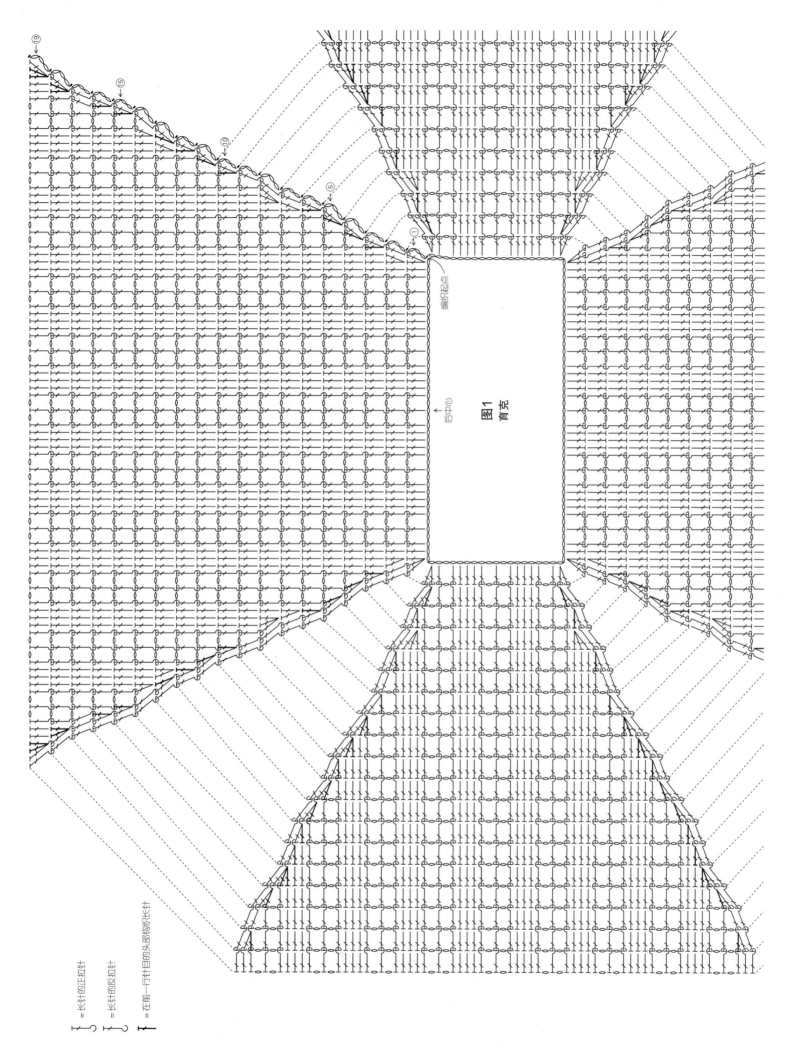

图1
育克

编织起点

后中心

⑲ ⑮ ⑩ ⑤ ①

＝长针的正拉针
＝长针的反拉针
＝在前一行针目的头部钩织1针长针

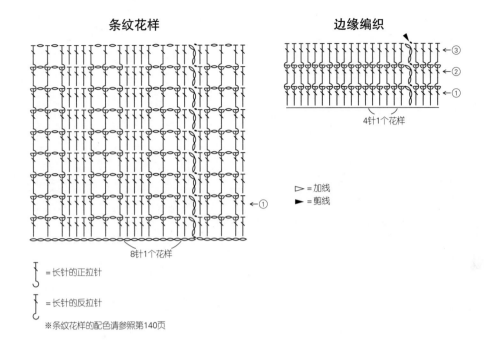

条纹花样

边缘编织

←③
←②
←①

4针1个花样

→= 加线
►= 剪线

←①

8针1个花样

$\}$= 长针的正拉针

$\}$= 长针的反拉针

※条纹花样的配色请参照第140页

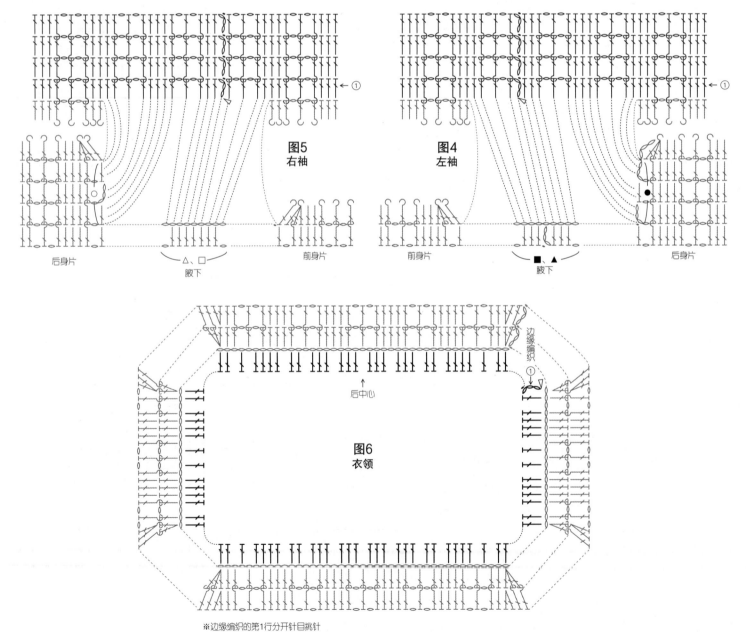

图5
右袖

图4
左袖

后身片

腋下

△、□

前身片

前身片

腋下

■、▲

后身片

边缘编织

①

后中心

图6
衣领

※边缘编织的第1行分开针目挑针

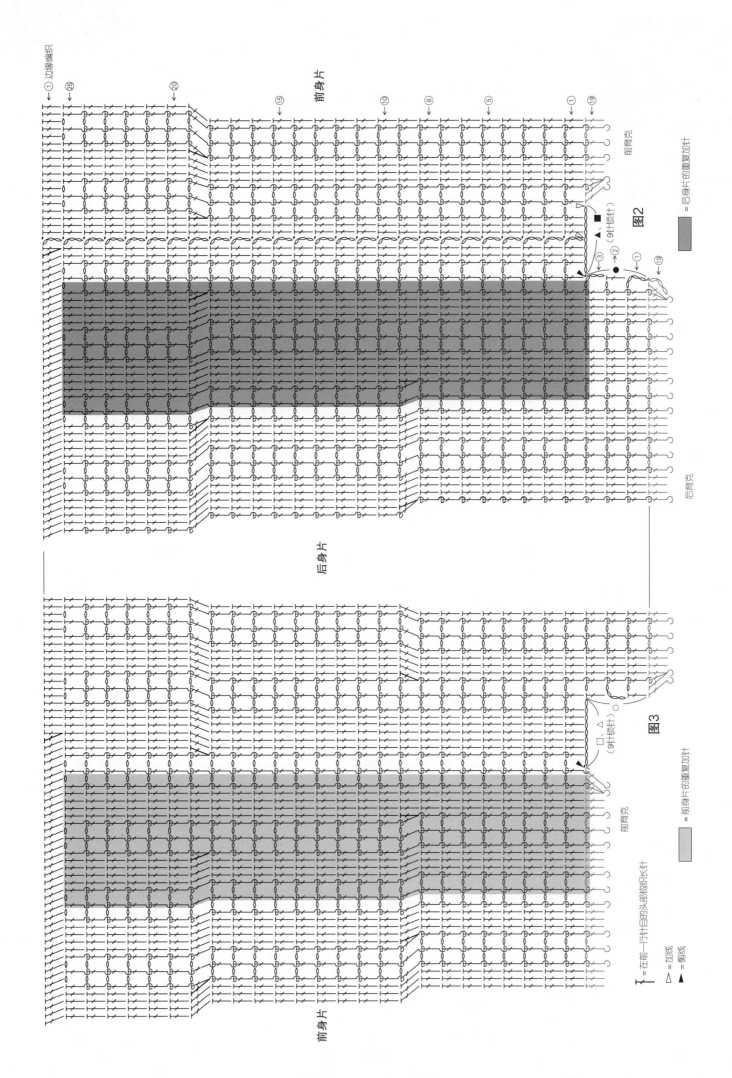

图2

图3

① 边缘编织

前身片

前育克

后育克

后身片

前身片

前育克

= 后身片的重复加针

= 前身片的重复加针

(9针锁针)

(9针锁针)

= 在前一行针目的头部挑起钩织长针

△ = 加线

▲ = 剪线

材料

Silk HASEGAWA GINGA-3 砖红色（37 CHILI PEPPER）130g/3团，SEIKA 原白色（2 ECRU）65g/3团

工具

棒针5号、4号

成品尺寸

胸围106cm，衣长57.5cm，连肩袖长24cm

编织密度

10cm×10cm面积内：下针编织21.5针，32行

编织花样的1个花样17针8cm，32行10cm

编织要点

●全部使用GINGA-3和SEIKA各1根线合股编织。手指挂线起针后，衣领和育克按单罗纹针、编织花样和下针做环形编织，参照图示加针。前、后身片分别往返编织单罗纹针和下针编织，参照图示减针。后身片编织10行作为前后差。接着按编织花样、下针和单罗纹针做环形编织。胁部参照图示挑针。编织终点做下针织下针、上针织上针的伏针收针。

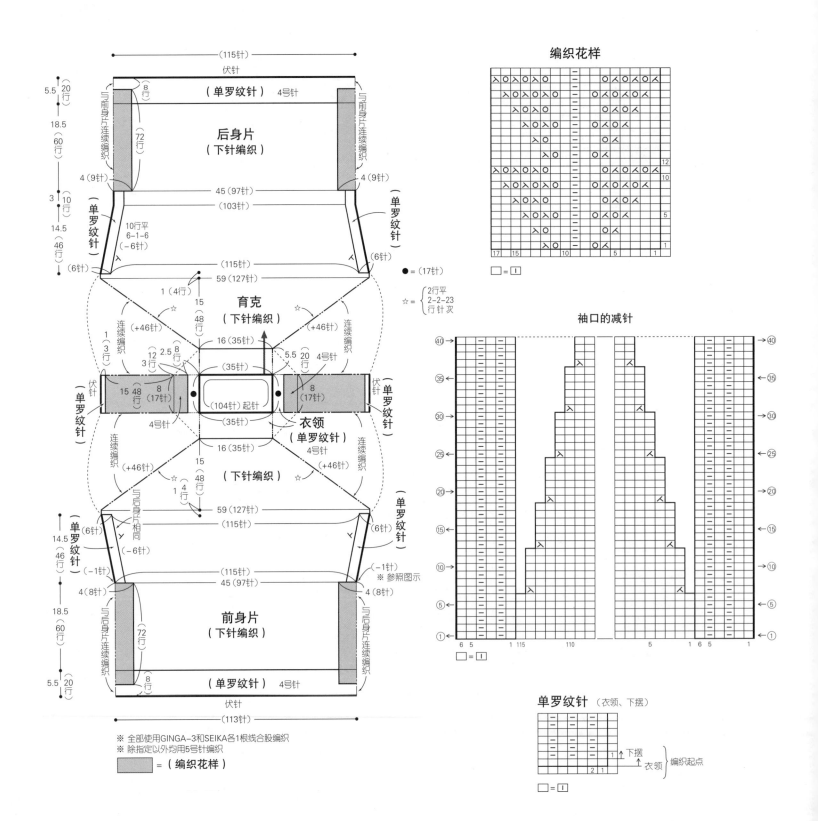

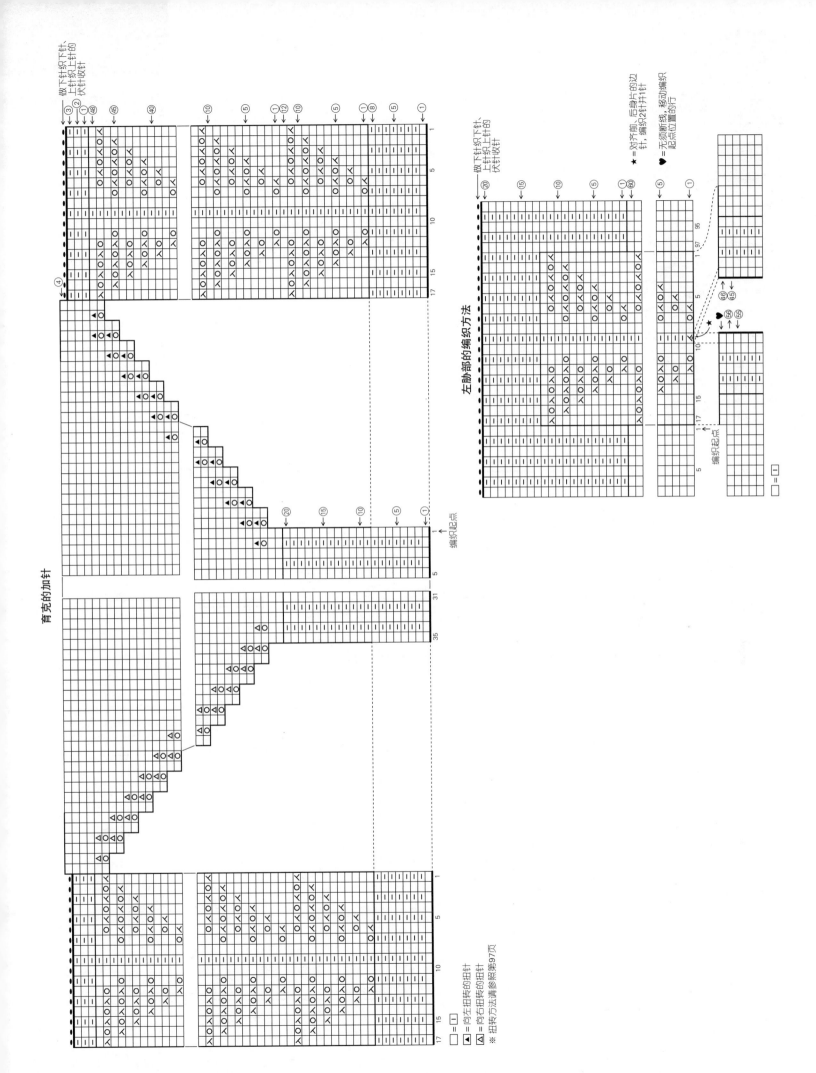

育克的加针

※ 扭转方法请参照第97页
△ = 向右扭转的扭针
▲ = 向左扭转的扭针
□ = □

左胁部的编织方法

★ = 对齐前、后身片的边
针，编织2针+1针

● = 无须断线，移动编织
起点位置的行

□ = □

材料

奥林巴斯 Make Make 100

[A] 蓝绿色系段染(1005) 75g/1 团

[B] 深绿色和紫红色系段染(1030) 470g/5 团

[C] 橘红色和深绿色系段染(1035) 270g/3 团

[D] 红色和粉红色系段染(1034) 180g/2 团

[E] 灰色系段染(1022) 370g/4 团

工具

钩针 6/0 号、7/0 号

成品尺寸

[A] 手掌围 21cm，长 25cm

[B] 衣长 55cm，连肩袖长 28.5cm

[C] 颈围 74cm，长 54cm

[D] 颈围 59cm，长 44cm

[E] 衣长 55cm，连肩袖长 22.5cm

编织密度

10cm×10cm 面积内：编织花样 A 20 针，13.5 行(6/0 号针)；编织花样 A 19 针，13 行(7/0 号针)

编织要点

●A、C、D…锁针起针后，按编织花样 A 做环状的往返编织。A 参照图示在指定位置留出拇指孔。接着环形钩织边缘。从起针时的锁针上挑针，用相同方法钩织边缘。

●B、E…锁针起针后，按编织花样 A 和 B 钩织。肩部参照图示接合。胁部、下摆、衣领挑取指定数量的针目后钩织边缘。最后钩织细绳，缝在指定位置的反面。

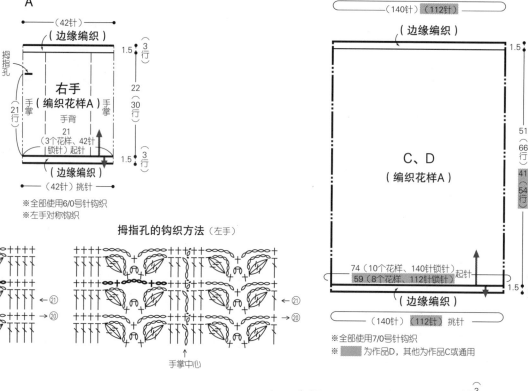

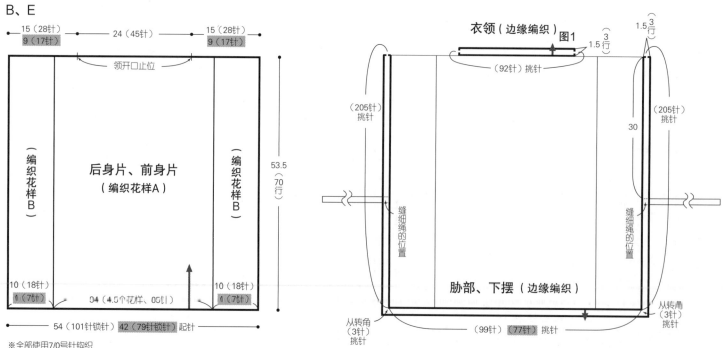

编织花样A（A、C、D）

边缘编织（通用）

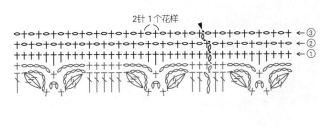

2针1个花样

→②
2行1个花样
←①

14针1个花样

编织花样A（B、E）

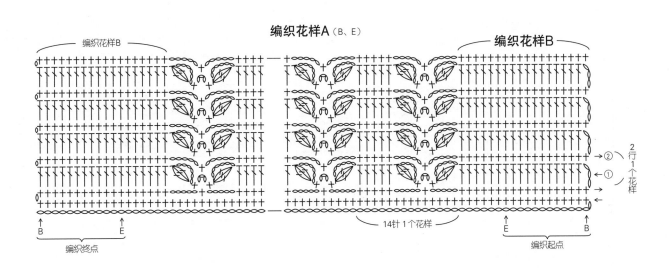

编织花样B

编织花样B

→②
2行1个花样
←①

B　E
编织终点

14针1个花样

E　B
编织起点

▷ = 加线
► = 剪线

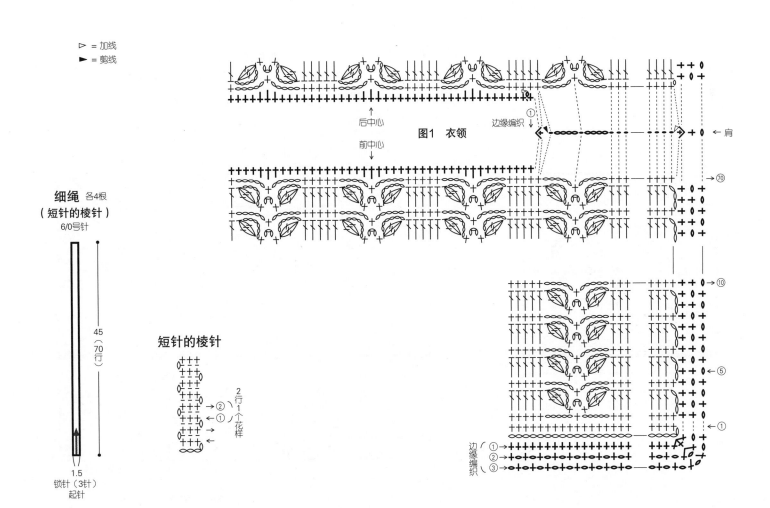

后中心
前中心

图1　衣领

边缘编织①
↓

← 肩

←⑩

←⑤

←①

细绳　各4根
（短针的棱针）
6/0号针

45
（70行）

短针的棱针

→②
2行1个花样
←①

边缘编织
①
②
③

1.5
锁针（3针）
起针

材料
SCHOPPEL Zauberball Crazy 褐色、绿色和水蓝色系段染（1660 Riverbed）190g/2 团
工具
棒针1号
成品尺寸
长56cm，宽56cm
编织密度
花片的大小请参照图示

编织要点
●主体编织并连接花片。边缘按i-cord收针法和i-cord编织。编织终点与编织起点做下针无缝缝合。

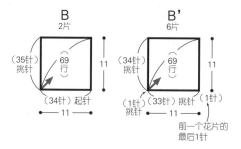

方毯（连接花片）

66C'	65C'	64C'	63C'	62C'	61C'	60C'	59C'	58C'	57C
49C	41C	37B		29C	8A'	12B'		20C'	28C'
50C	42C			30C'	7A'			19C'	27C'
51C'	43C'	38B'		31C'	6A'	11B'		18C'	26C'
52C'	44C'			32C'	5A'			17C'	25C'
53C'	45C'	39B'		33C'	4A'	10B'		16C'	24C'
54C'	46C'			34C'	3A'			15C'	23C'
55C'	47C'	40B'		35C'	2A'	9B		14C'	22C'
56C'	48C'			36C'	1A			13C	21C'
67C	68C'	69C'	70C'	71C'	72C'	73C'	74C'	75C'	76C'

55 / 55

※ 全部使用1号针编织
※ 花片内的数字表示连接的顺序

花片

A 1片
（35针）起针
35行
5.5
5.5

A' 7片
（17针）起针
（17针）挑针
35行
5.5
（1针）
5.5
前一个花片的最后1针

C 7片
（18针）挑针
（17针）起针
35行
5.5
5.5

C' 53片
（17针）挑针
（16针）挑针
35行
5.5
（1针）
5.5
前一个花片的最后1针

B 2片
（35针）挑针
69行
11
11
（34针）起针

B' 6片
（34针）挑针
69行
11
11
（1针）挑针
（33针）挑针
（1针）
前一个花片的最后1针

花片A、A'、C、C'

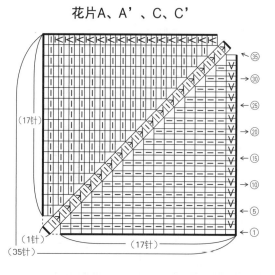

（17针）
（35针）
（1针）
（17针）
（35）（30）（25）（20）（15）（10）（5）（1）

□ = 下针
V = 滑针
V = 上针的滑针

花片B、B'

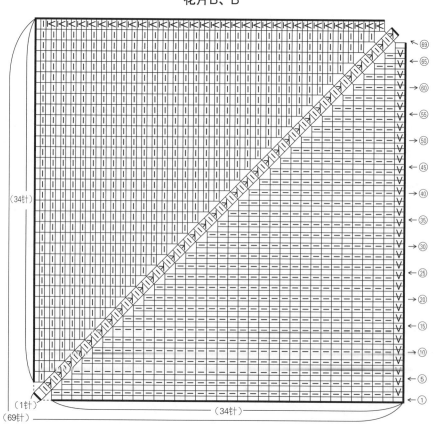

（34针）
（1针）
（69针）
（34针）
（69）（65）（60）（55）（50）（45）（40）（35）（30）（25）（20）（15）（10）（5）（1）

花片的连接方法

15C' （17针）挑针 （16针）挑针
14C' （17针）挑针 （1针）挑针
13C   （18针）挑针 （17针）起针 （1针）挑针
75C' （17针）起针 （16针）挑针

10B' （34针）挑针 （33针）挑针 （1针）挑针
9B （35针）挑针 （34针）起针
74C' （17针）挑针 （16针）挑针 （1针）挑针
73C' （17针）挑针 （16针）挑针 （1针）挑针

3A' （17针）挑针 （17针）起针
2A' （17针）起针 （17针）挑针 （1针）挑针
1A （35针）起针 （17针）挑针 （1针）挑针
72C' （17针）挑针 （16针）挑针

34C' （17针）起针 （17针）挑针 （1针）挑针
35C' （16针）挑针
36C' （16针）挑针 （1针）挑针
71C' （17针）挑针 （16针）挑针

卷线 （1针）挑针

■ ＝前一个花片的最后1针
※行上的挑针在边针与相邻与相邻针目之间挑针

149

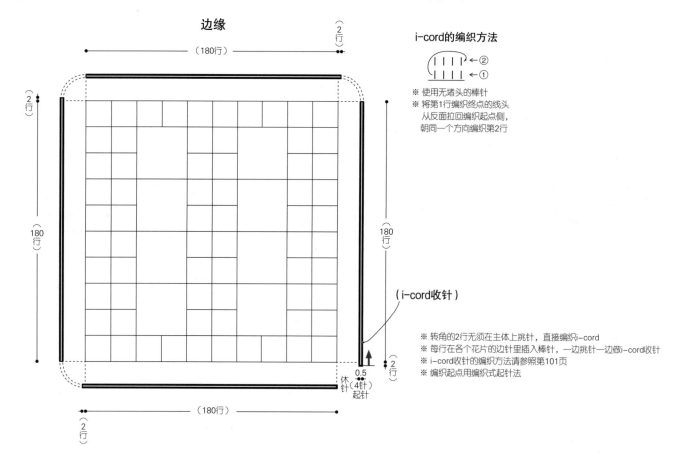

边缘

（180行）

2行

（180行）

2行

180行

180行

2行

2行

0.5

休针（4针）起针

（i-cord收针）

i-cord的编织方法

←②
←①

※ 使用无堵头的棒针
※ 将第1行编织终点的线头从反面拉回编织起点侧，朝同一个方向编织第2行

※ 转角的2行无须在主体上挑针，直接编织i-cord
※ 每行在各个花片的边针里插入棒针，一边挑针一边做i-cord收针
※ i-cord收针的编织方法请参照第101页
※ 编织起点用编织式起针法

编织式起针法（从针目里拉出线圈）

1 在左棒针上先起1针，如箭头所示在针目里插入右棒针，挂线后拉出。

2 如箭头所示在拉出的针目里插入左棒针。

3 退出右棒针。

4 第2针完成。重复步骤1~3，起好所需针数。

多米诺花片的编织方法（第53页的花片）

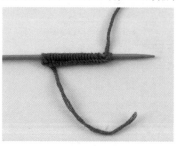

1 所需21针起针后的状态。

2 从第2行开始，正、反面的最后1针都编织成上针。

3 从第3行开始，正、反面的第1针都以下针的入针方式插入棒针，编织成滑针。

4 从第2针开始编织下针。

5 中心的3针编织右上3针并1针。

6 每2行1次，在中心的3针里编织右上3针并1针。

7 第9行编织完中心的3针并1针后的状态。

8 多米诺花片编织完成。最后1针就是下一个花片的第1针（在此处结束时，将线剪断穿过针目）。

材料
奥林巴斯 自然之紬（中粗）灰色（107）
295g/3团，自然之紬 灰色（7）190g/4团
工具
棒针8号，钩针6/0号
成品尺寸
胸围108cm，衣长54.5cm，连肩袖长65cm
编织密度
10cm×10cm面积内：编织花样A 18.5针，
27.5行；编织花样B 21针，9.5行

编织要点
●身片、衣袖…身片手指挂线起针，按编织花样A编织。袖窿的减针在边上第2针与第3针里编织2针并1针。加针在1针内侧做扭针加针。领窝减2针及以上时做伏针减针，减1针时立起侧边1针减针。肩部做盖针接合。衣袖从身片挑针，按编织花样B编织。袖下参照图示减针。
●组合…胁边做挑针缝合，袖下钩织短针和锁针连接。下摆、袖口、衣领挑取指定数量的针目，分别按边缘编织A、B、C环形钩织。衣领参照图示分散减针。

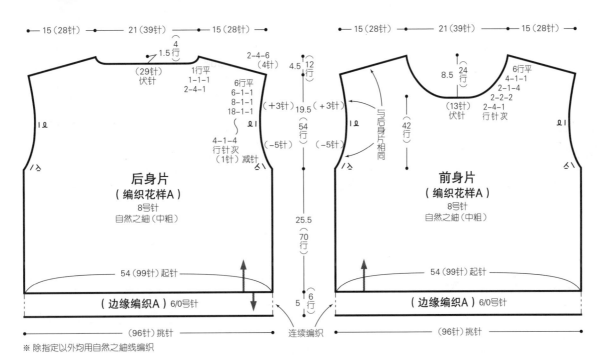

后身片（编织花样A）8号针 自然之紬（中粗）

前身片（编织花样A）8号针 自然之紬（中粗）

※ 除指定以外均用自然之紬线编织

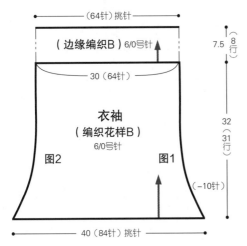

衣袖（编织花样B）6/0号针 图2 图1

编织花样A

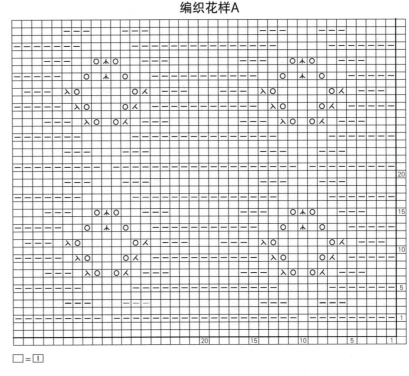

□ = 1

编织花样B

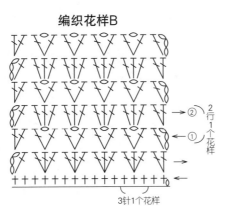

3针1个花样

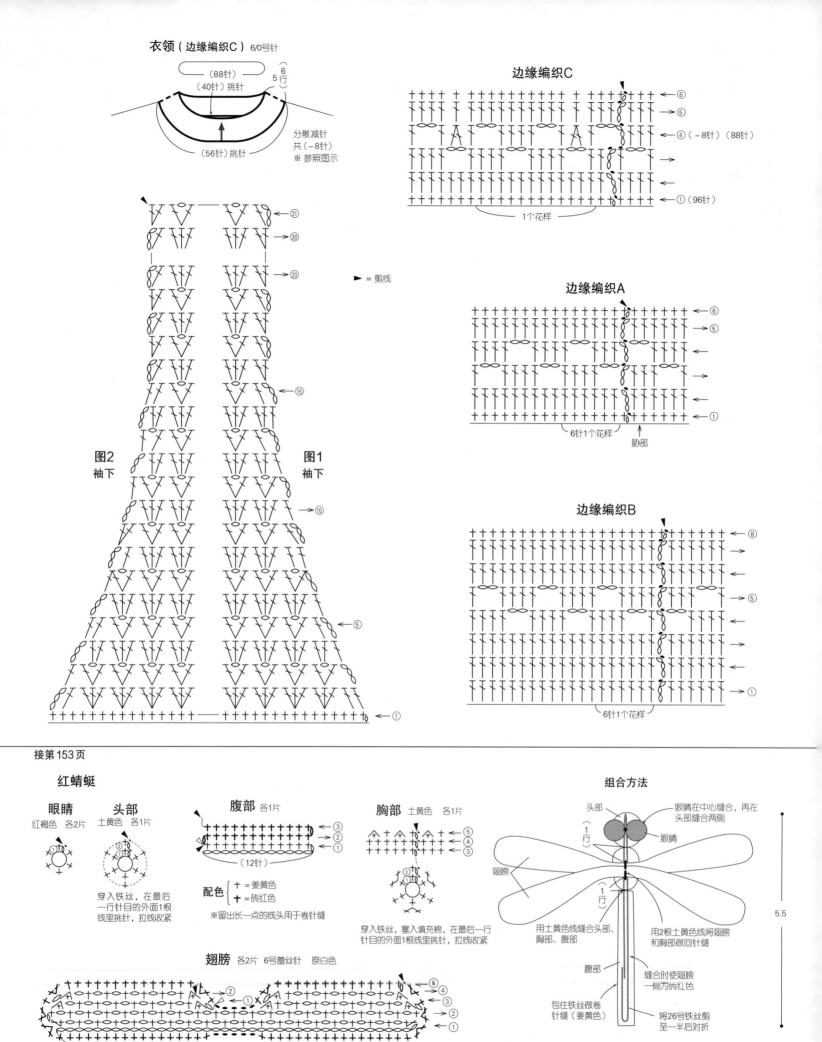

衣领（边缘编织C）6/0号针

（88针）
（40针）挑针
6行
5行

分散减针
共（−8针）
※参照图示

（56针）挑针

边缘编织C

←⑥
→⑤
←④（−8针）（88针）
→
←
←①（96针）

1个花样

图2 袖下

图1 袖下

▶ = 剪线

→㉛
→㉚
→⑳

←⑮

→⑩

←⑤

←①

边缘编织A

←⑥
→⑤
←
→
←
←①

6针1个花样

肋部

边缘编织B

←⑧
→
←
→⑤
←
→
←
←①

6针1个花样

接第153页

红蜻蜓

眼睛
红褐色 各2片

头部
土黄色 各1片

穿入铁丝，在最后
一行针目的外面1根
线里挑针，拉线收紧

腹部 各1片

→③
→②
→①

（12针）

配色 { + = 姜黄色
       + = 砖红色

※留出长一点的线头用于卷针缝

胸部 土黄色 各1片

←⑤
←④
←③

穿入铁丝，塞入填充棉，在最后一行
针目的外面1根线里挑针，拉线收紧

翅膀 各2片 6号蕾丝针 原白色

←⑥
←④
←③
←②
←①

编织起点（39针锁针）起针

组合方法

头部
（1行）

眼睛在中心缝合，再在
头部缝合两侧

眼睛

翅膀

腹部
（1行）

用土黄色线缝合头部、
胸部、腹部

用2根土黄色线将翅膀
和胸部做回针缝

缝合时使翅膀
一侧为砖红色

包住铁丝做卷
针缝（姜黄色）

将26号铁丝剪
至一半后对折

5.5

7

材料
奥林巴斯25号刺绣线、金票40号蕾丝线
线的色名、色号、用量及辅材等请参照下表
工具
蕾丝针0号、6号

成品尺寸
参照图示
编织要点
●参照图示钩织各部分。参照组合方法进行组合。

波斯菊

花萼 黄绿色 各1片

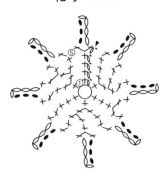

花芯
②塞入填充棉，对齐花萼和花芯，钩织花瓣
花萼
铁丝（#20）
①将2根铁丝穿入花萼，再分别弯折端头
3.5

▷ = 加线
► = 剪线

线的色名、色号、用量及辅材

线名	色名（色号）	用量	辅材
波斯菊（8枝的用量）	25号刺绣线	黄绿色（212）	10支	填充棉 适量 花艺铁丝 #20/36cm/16根 #26/36cm/8根 手工胶 适量
		玫粉色（129）	4支	
		粉红色（125）	4支	
		深粉色（127）	3支	
		浅粉色（131）	2支	
		樱粉色（101）	2支	
		黄色（503）	2支	
红蜻蜓（2只的用量）	金票40号蕾丝线	原白色（852）	2g/1团	填充棉 适量 花艺铁丝 #26/36cm/1根
	25号刺绣线	土黄色（712）	1支	
		红褐色（714）	1支	
		姜黄色（563）	1支	
		砖红色（755）	1支	

※除指定以外均用0号蕾丝针钩织

花芯 各1片

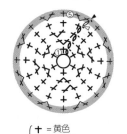

配色 { + = 黄色
= A~E/玫粉色
F/浅粉色
G/樱粉色 }

※第5行在前一行针目的前面1根线以及花萼第5行的短针上一起挑针钩织

花蕾 B/玫粉色，E/粉红色，G/樱粉色 各1个

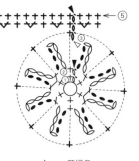

②塞入填充棉，在剩下的针目里穿线收紧
花蕾
铁丝（26号）
①将26号铁丝剪至一半后对折，再将上端弯成圆形穿入花蕾

叶子 黄绿色 A、D、F/各2片 B、E、G/各1片 C/4片

配色 { + = 黄绿色
+ = B/玫粉色
E/粉红色
G/樱粉色 }

※在最后一行穿线收紧

编织起点

将26号铁丝剪至一半后对折，包住铁丝钩织短针

花瓣

A、B/玫粉色 各1片 C/深粉色 2片
D、E/粉红色 各1片 F/浅粉色 1片
G/樱粉色 1片

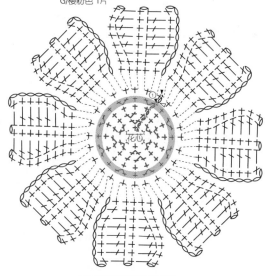

花芯

※从花芯的第5行挑针钩织

组合方法

A、D、F 各1枝
C 2枝

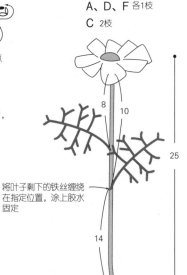

8 10
25
14

将叶子剩下的铁丝缠绕在指定位置，涂上胶水固定

B、E、G 各1枝

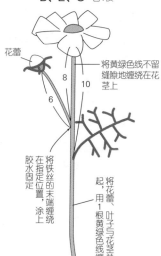

花蕾
将黄绿色线不留缝隙地缠绕在花茎上
8 10
6
将铁丝的末端缠绕在指定位置，涂上胶水固定
将花蕾、叶子与花茎并在一起，用1根黄绿色线缠绕

***红蜻蜓的制作方法见第152页**

材料
奥林巴斯 自然之紬（中粗）橘红色（109）
710g/8团；直径23mm的纽扣5颗，直径
18mm的纽扣2颗

工具
棒针8号，钩针7/0号

成品尺寸
胸围100.5cm，肩宽42cm，衣长52.5cm，袖
长49cm

编织密度
10cm×10cm面积内：编织花样A 20针，
29行；编织花样B 25.5针，23行

编织要点
●身片、衣袖…手指挂线起针，每个部分按
编织花样A或B编织。减2针及以上时做伏
针减针，减1针时立起侧边1针减针。加针
是在1针内侧做扭针加针。

●组合…各部分之间以及袖下做挑针缝合。
肩部一边减针至指定针数一边做盖针接合。
前门襟、下摆、衣领、袖口钩织边缘。在右
前门襟和衣领的指定位置留出扣眼。口袋与
身片一样起针，按编织花样C编织。编织终
点做下针织下针、上针织上针的伏针收针。
在口袋侧边和底部钩织引拔针。在袋口钩织
边缘，并在指定位置留出扣眼。用卷针缝将
口袋缝在身片上。衣袖与身片之间做半回针
缝。最后缝上纽扣。

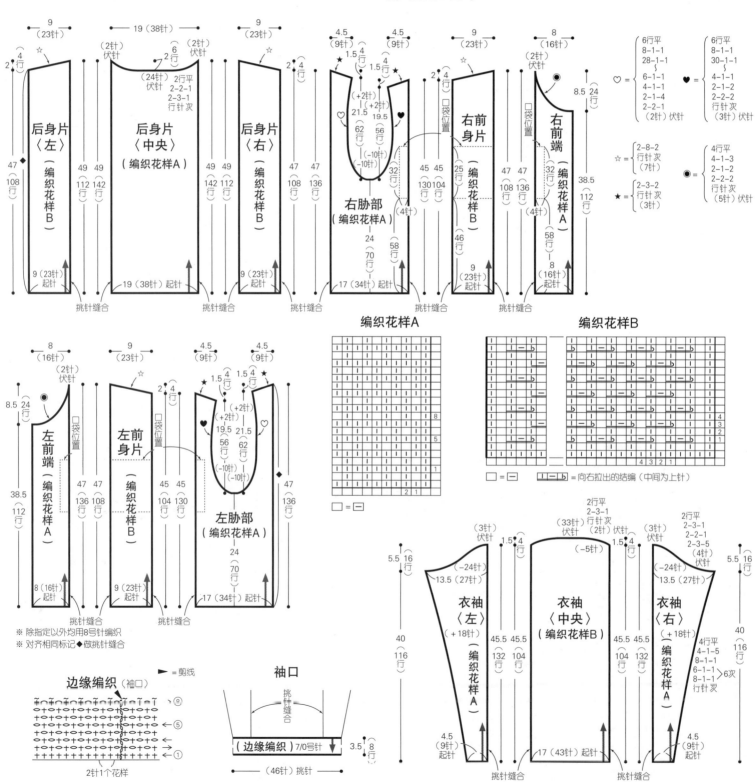

※ 除指定以外均用8号针编织
※ 对齐相同标记◆ 做挑针缝合

编织花样A

编织花样B

□ = □   ‖—‖ = 向右拉出的结编（中间为上针）

边缘编织（袖口）

2针1个花样

► = 剪线

袖口

（边缘编织）7/0号针
（46针）挑针

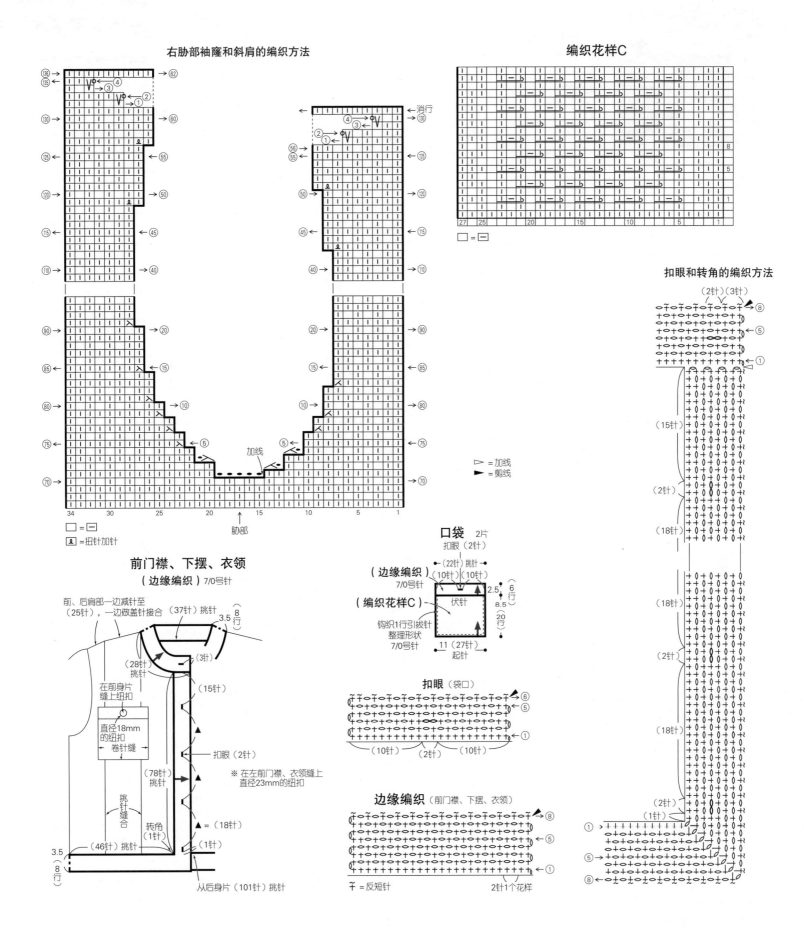

右胁部袖窿和斜肩的编织方法

编织花样C

□ = −

扣眼和转角的编织方法

▷ = 加线
► = 剪线

□ = −

⚮ = 扣针加针

胁部

前门襟、下摆、衣领
（边缘编织）7/0号针

前、后肩部一边减针至（25针），一边做盖针接合（37针）挑针

（28针）挑针

在前身片缝上纽扣

直径18mm的纽扣
卷针缝

挑针缝合

扣眼（2针）

（78针）挑针

转角（1针）

▲ = （18针）

（46针）挑针

（1针）

从后身片（101针）挑针

※ 在左前门襟、衣领缝上直径23mm的纽扣

口袋 2片
扣眼（2针）

（边缘编织）
7/0号针

（22针）挑针
（10针）（10针）

（编织花样C）
伏针

钩织1行引拔针整理形状
7/0号针

11（27针）起针

扣眼（袋口）

（10针）（2针）（10针）

边缘编织（前门襟、下摆、衣领）

Ŧ = 反短针

2针1个花样

材料
Ski 毛线 Strisce 灰色、绿色和紫色系段染
(1) 355g/8 团，Ski Tasmanian Polwarth
原白色(7002) 75g/2 团

工具
钩针 6/0 号、5/0 号

成品尺寸
胸围 108cm，衣长 52.5cm，连肩袖长 72cm

编织密度
10cm×10cm 面积内：编织花样 A 21 针，
12 行

编织要点
●身片、衣袖…锁针起针后按编织花样 A 钩
织。参照图示加减针。下摆、袖口从起针时
的锁针上挑针，按编织花样 B 钩织。
●组合…肩部钩织引拔针和锁针连接。胁
部、袖下钩织引拔针和锁针连接。衣领挑取
指定数量的针目，按编织花样 B 环形钩织。
衣袖与身片之间做引拔接合。

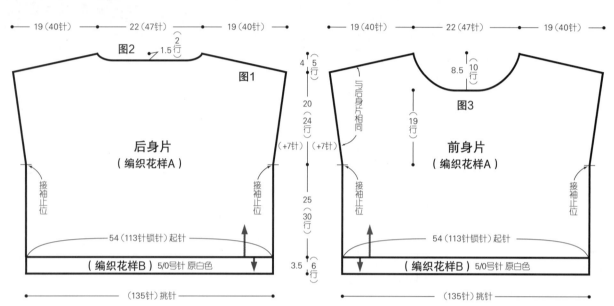

※ 除指定以外均用段染线和6/0号针钩织

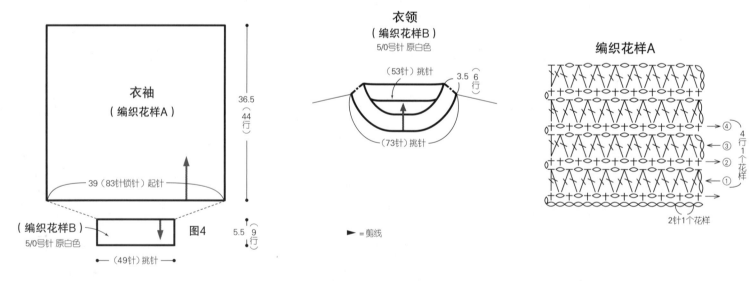

➤ = 剪线

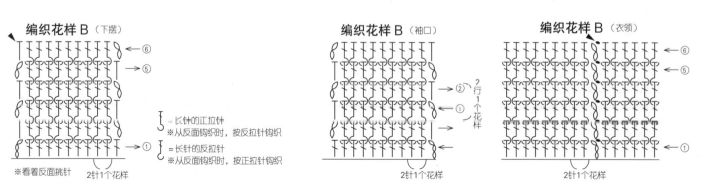

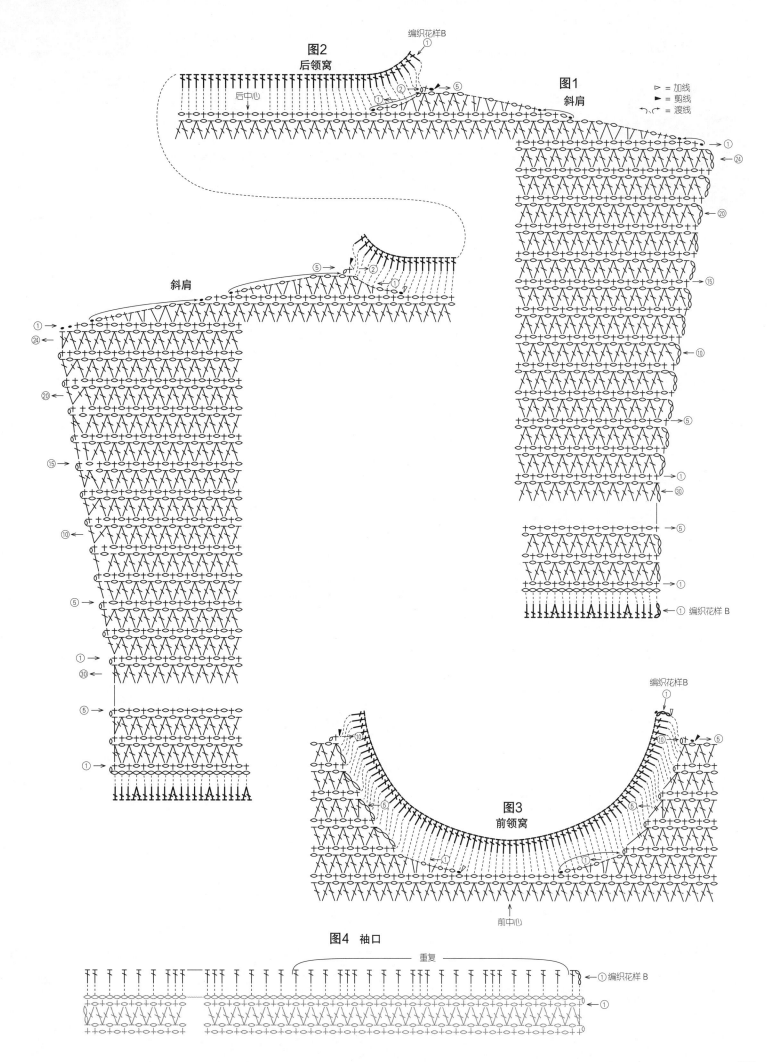

图2
后领窝

后中心

编织花样B

图1
斜肩

▷ = 加线
▶ = 剪线
⌒‿ = 渡线

斜肩

编织花样 B

图3
前领窝

前中心

图4 袖口

重复

编织花样B

材料

Ski毛线 Ski Caral 蓝色(7310) 180g/6团，
陶粉色(7306) 130g/5团，原白色(7301)、
浅黄色(7305)、浅灰蓝色(7308) 各115g/
各4团

工具

钩针5/0号

成品尺寸

胸围110cm，肩宽45cm，衣长66.5cm，袖
长57cm

编织密度

条纹花样的1个花样5针1.6cm，13.5行
10cm

编织要点

●身片、衣袖…锁针起针后按条纹花样钩
织。每次换色时留出线头剪断。参照图示加
减针。下摆、开衩部位挑取指定数量的针目
钩织边缘。

●组合…肩部钩织引拔针和锁针接合。胁部、
袖下用留出的线头做卷针缝。衣领、袖口挑
取指定数量的针目，环形钩织边缘。衣袖与
身片之间用身片留出的线头或者重新加线，
对齐短针做卷针缝。开衩的上端与身片之间
做卷针缝。

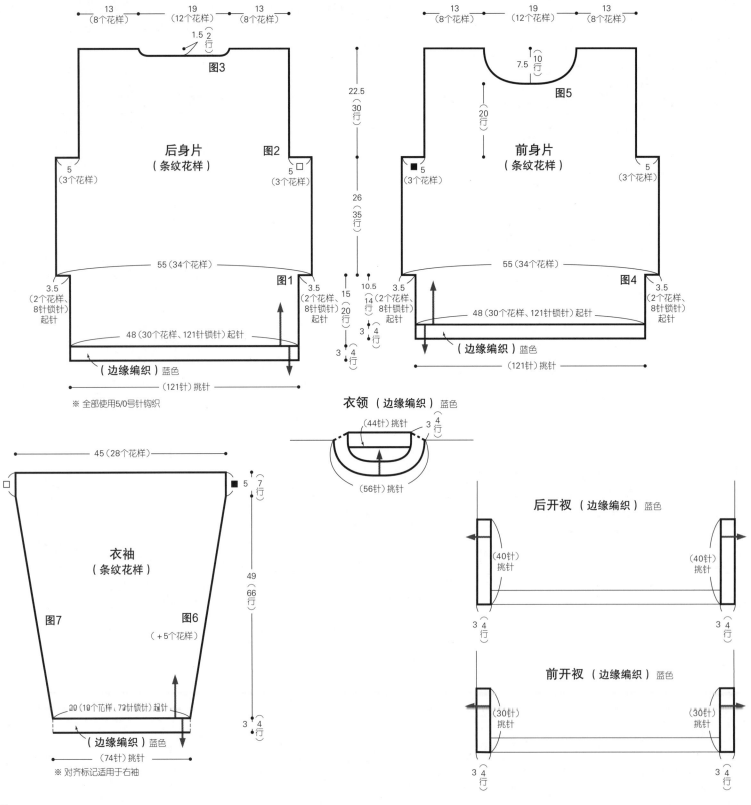

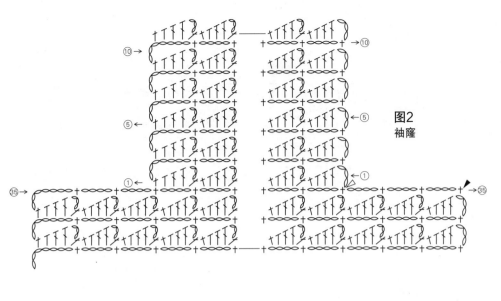

图2
袖窿

▷ = 加线
► = 剪线

图1
后开衩

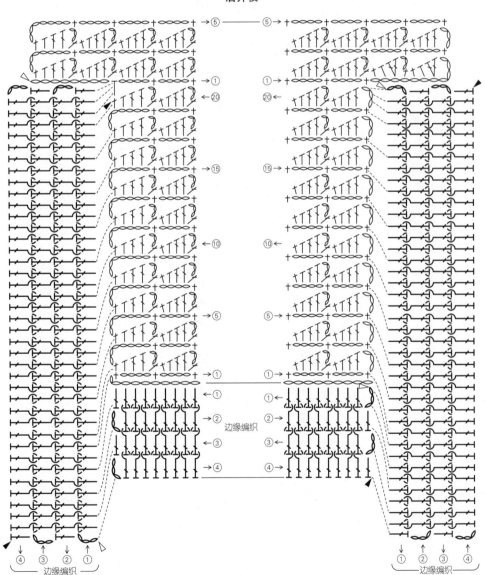

条纹花样

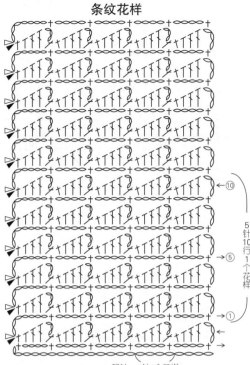

5针10行1个花样

起针 4针1个花样

※ 配色线留出8cm左右的线头剪断,不要包在针目里钩织,保留线头备用
※ 从第3行开始,边上的短针分开立织的锁针挑针。边针以外的短针均为整段挑针

条纹花样的配色

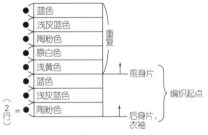

●	蓝色	
●	浅灰蓝色	重复
●	陶粉色	
●	原白色	
●	浅黄色	前身片
●	蓝色	
●	浅灰蓝色	编织起点
●	陶粉色	后身片、衣袖

2行

边缘编织（下摆）

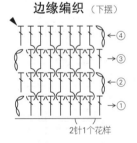

2针1个花样

边缘编织（衣领、袖口）

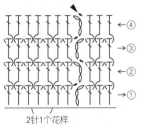

2针1个花样

※ 每行的终点在立织的锁针上整段挑针引拔（最后一行除外）

┃ = 长针的正拉针
※ 从反面钩织时,按反拉针钩织

┃ = 长针的反拉针
※ 从反面钩织时,按正拉针钩织

159

图3
后领窝

中心

边缘编织

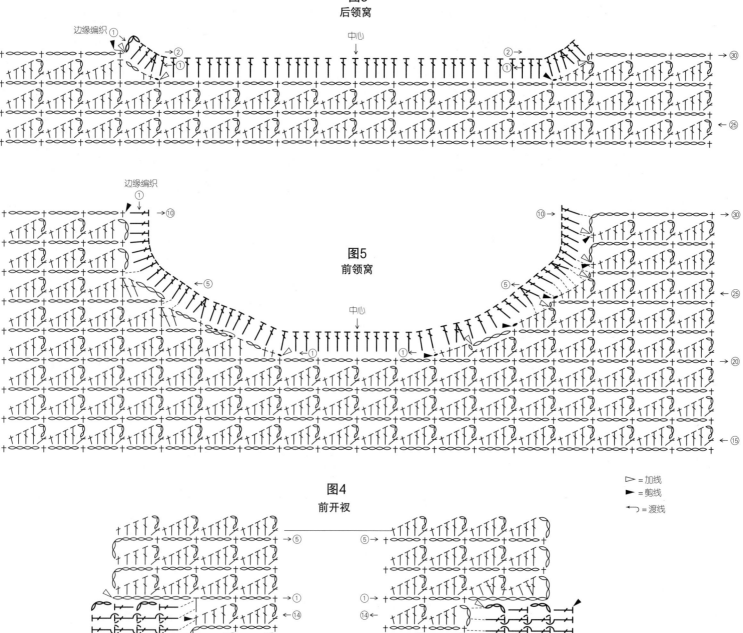

图5
前领窝

中心

图4
前开衩

边缘编织

边缘编织

边缘编织

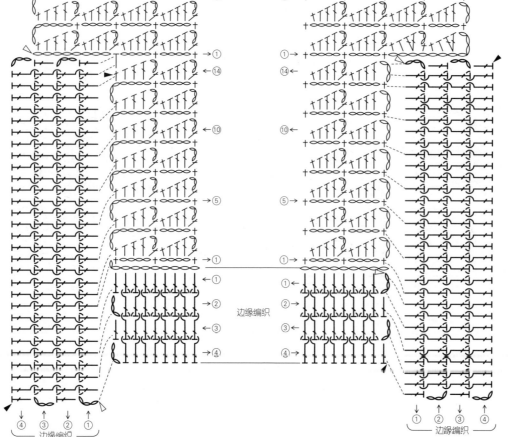

▷ = 加线
► = 剪线
↼ = 渡线

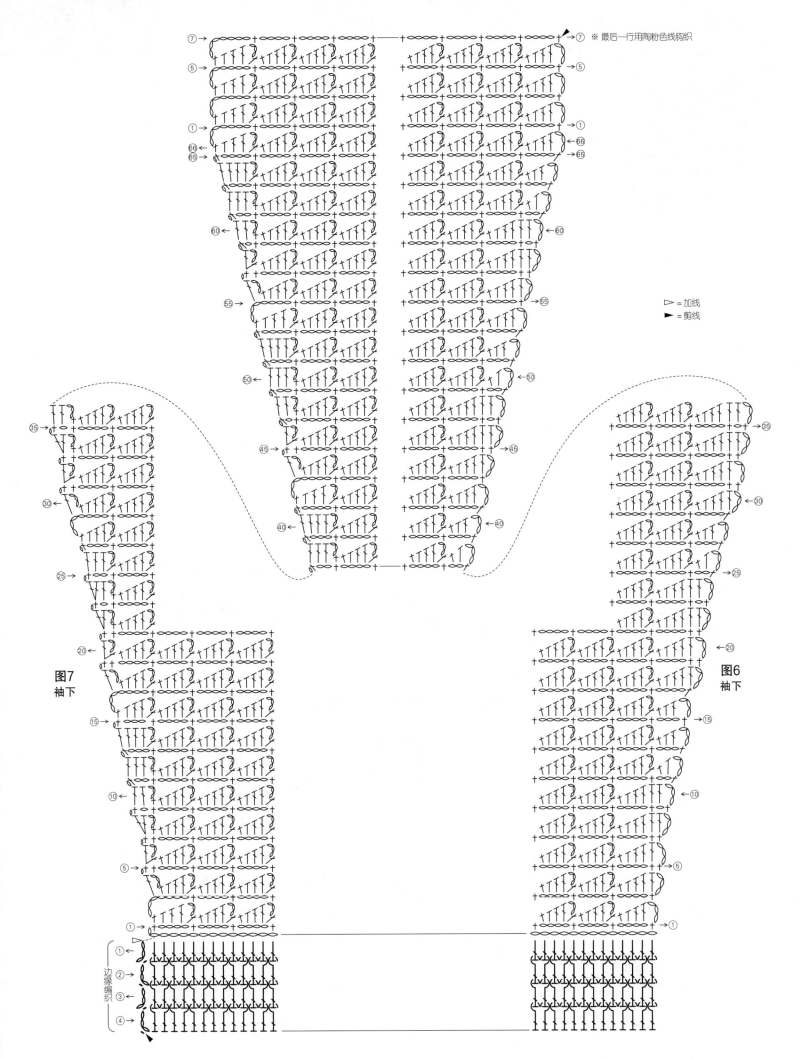

▷ =加线
► =剪线

图7
袖下

图6
袖下

边缘编织

材料
手织屋 e-Wool 灰褐色（19）215g，珊瑚粉色（07）、浅灰蓝色（23）各50g

工具
棒针6号、4号

成品尺寸
胸围106cm，衣长47cm，连肩袖长64.5cm

编织密度
10cm×10cm面积内：条纹花样19.5针，32行；编织花样19.5针，31行

编织要点
●身片、衣袖…手指挂线起针后，开始做边缘编织、条纹花样和编织花样。插肩线、领窝参照图示减针。袖下的加针在1针内侧做扭针加针。
●组合…插肩线、胁部、袖下做挑针缝合，腋下的针目做下针无缝缝合。衣领挑针后做边缘编织，注意下针花样呈连续状态。编织终点做下针织下针、上针织上针的伏针收针。

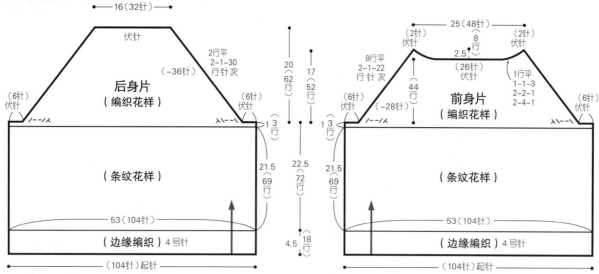

※ 除指定以外均用6号针编织
※ 除指定以外均用灰褐色线编织

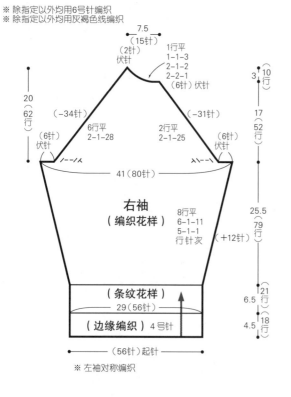

※左袖对称编织

条纹花样

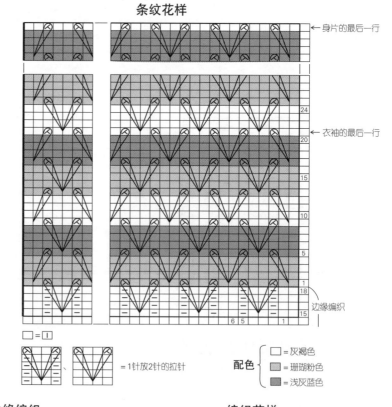

□＝ㅣ

＝1针放2针的拉针

配色
□＝灰褐色
▨＝珊瑚粉色
■＝浅灰蓝色

衣领（边缘编织）4号针

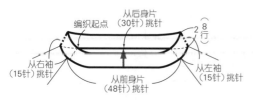

※挑针时，注意后身片、前身片、衣袖的下针呈连续状态。

边缘编织

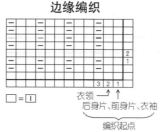

□＝ㅣ
衣领→
后身片、前身片、衣袖
编织起点

编织花样

□＝ㅣ

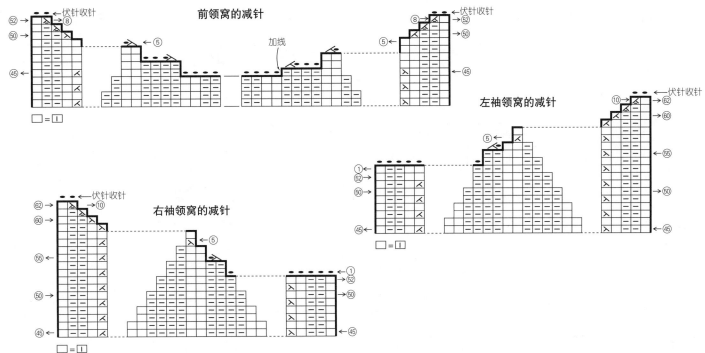

后身片插肩线的减针

□ = ①

前领窝的减针

加线

□ = ①

左袖领窝的减针

□ = ①

右袖领窝的减针

□ = ①

1针放2针的拉针

1 编织4行下针。第5行换色编织3针下针，在第1行的第4针与第5针之间插入棒针，将线圈长长地拉出。

2 如箭头所示，在刚才拉出的针目以及步骤1的第3针里插入左棒针，将针目移回左棒针上。

3 将拉出的针目覆盖在第3针上。

4 将步骤3的针目移至右棒针上。第1个拉针完成。编织后面2针下针。

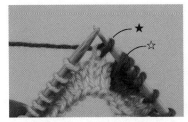

5 接着在步骤1相同位置插入棒针，将线圈长长地拉出（☆），再编织1针下针（★）。

6 将针目★移回左棒针上，不要改变针目的方向。从针目☆的后面插入棒针，将其移回左棒针上。

7 将步骤6中移回左棒针上的2针直接移至右棒针上，再将针目☆覆盖在针目★上。

8 1针放2针的拉针完成。

材料
内藤商事 Incanto 紫色、水蓝色和橘红色系
段染（107）345g/9 团
工具
棒针 10 号、8 号
成品尺寸
胸围 102cm，肩宽 44cm，衣长 54.5cm，袖
长 47cm
编织密度
10cm×10cm 面积内：编织花样 24 针，25
行

编织要点
●身片、衣袖…身片另线锁针起针后，按编
织花样编织。领窝和斜肩参照图示编织。下
摆解开起针时的另线挑针，编织单罗纹针。
编织终点做单罗纹针收针。肩部做盖针接合。
衣袖从身片挑针，按编织花样编织。袖口参
照图示在第 1 行减针，编织单罗纹针。编织
终点与下摆一样收针。
●组合…胁部、袖下做挑针缝合，腋下做针
与行的接合。衣领挑取指定数量的针目后环
形编织单罗纹针。编织终点与下摆一样收针。

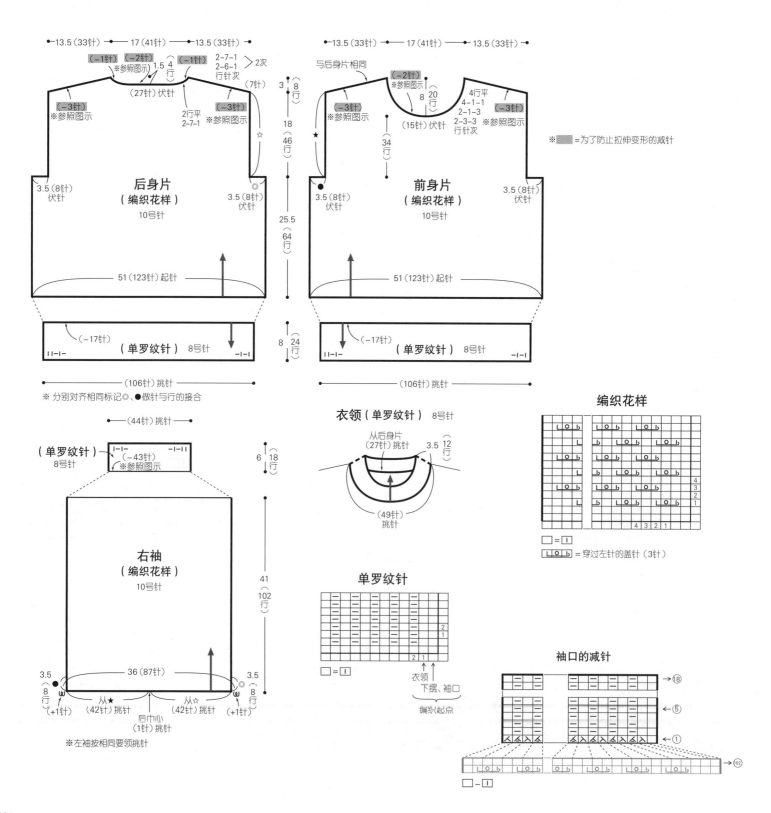

后领窝

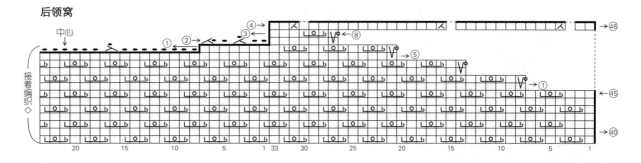

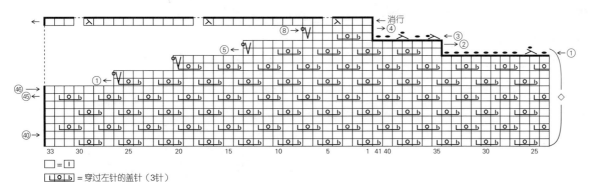

□ = □

L○b = 穿过左针的盖针（3针）

前领窝

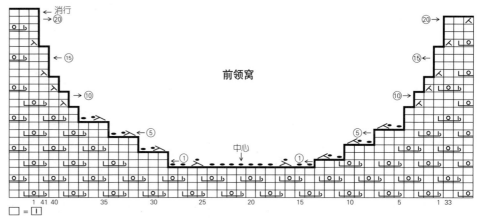

□ = □

接第166页

后领窝

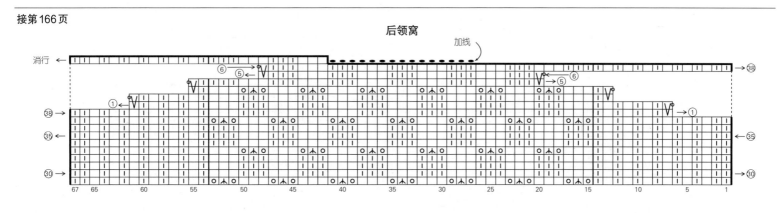

衣领的挑针方法

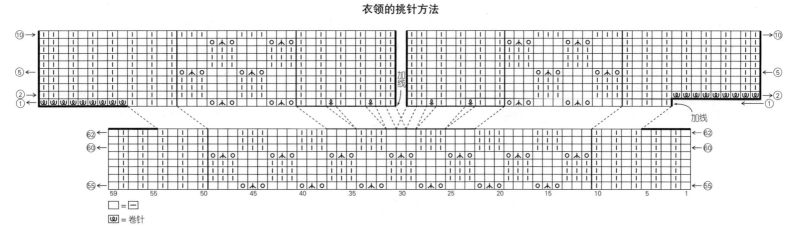

□ = □

w = 卷针

2 = 上针的扭针加针

材料

内藤商事 Laja 炭灰色（FJ1452）140g/3 团

工具

棒针 10 号、8 号

成品尺寸

胸围 94cm，肩宽 52cm，衣长 59.5cm

编织密度

10cm×10cm 面积内：编织花样 13 针，21.5 行

编织要点

●身片…手指挂线起针后，按单罗纹针和编织花样环形编织。编织至第 62 行后，将腋下针目休针，分成后身片、左前身片、右前身片分别做往返编织。袖口做卷针起针。

●组合…肩部做盖针接合。后领对齐相同标记（△）做引拔接合，分别对齐相同标记（●、◉）做针与行的接合。腋下的休针前后连起来做伏针收针。

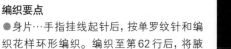

领开口止位
伏针

2-7-2
2-6-1 行 针次
（6针）

与后身片相同

后身片（编织花样）

前身片（编织花样）

（单罗纹针）

（单罗纹针） 8号针

连续编织

※除指定以外均用10号针编织
※共（120针）起针
※对齐相同标记（△）做引拔接合，然后分别对齐相同标记（●、◉）做针与行的接合
※★从前一行的中心针目里各挑1针

单罗纹针

编织花样

□＝□

组合方法

针与行的接合

引拔接合

加线，前后连起来做伏针收针

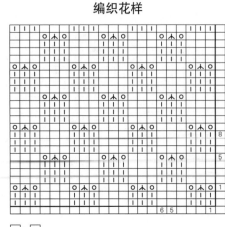

*其他内容见第165页

材料
钻石线 Tasmanian Merino 姜黄色（759）195g/5团；Diatartan 浅米色（3402）120g/4团，炭灰色（3410）80g/3团

工具
棒针4号，钩针5/0号

成品尺寸
胸围102cm，肩宽44cm，衣长62.5cm

编织密度
10cm×10cm面积内：配色花样A、B，编织花样A、B均为22针，12.5行

编织要点
●身片…锁针起针后，按配色花样A、B和编织花样A、B编织。配色花样用纵向渡线的方法编织。袖窿、领窝参照图示减针。在编织花样A、B上钩织引拔针。下摆挑取指定数量的针目，编织单罗纹针。编织终点做单罗纹针收针。
●组合…肩部和胁部分别做挑针连接。衣领、袖口挑取指定数量的针目，分别环形编织单罗纹针和单罗纹针条纹。编织终点与下摆一样收针。

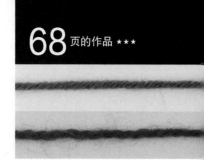

68 页的作品 ★★★

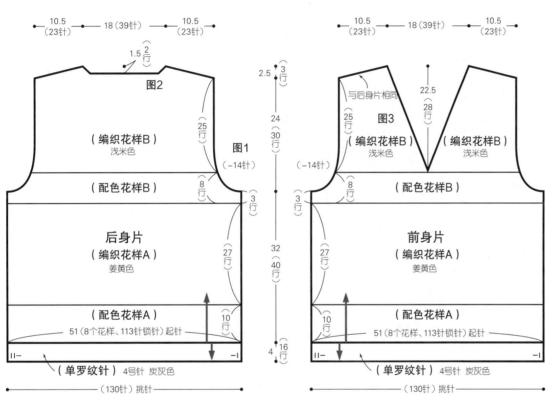

单罗纹针

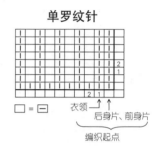

衣领
后身片、前身片
编织起点

单罗纹针条纹

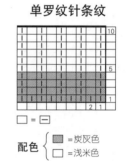

配色 { ▨ =炭灰色　□ =浅米色

※ 除指定以外均用5/0号针钩织

配色花样A

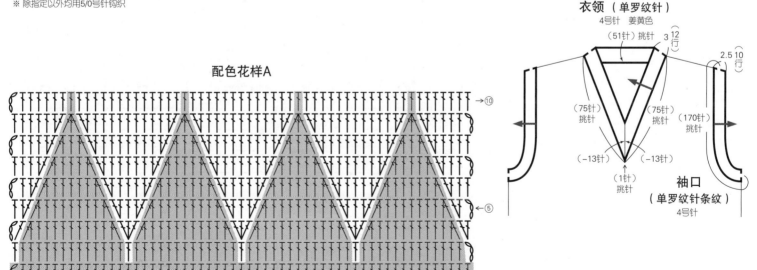

14针1个花样

配色 { ▨ =炭灰色　── =姜黄色

衣领（单罗纹针）
袖口（单罗纹针条纹）

167

编织花样A、B

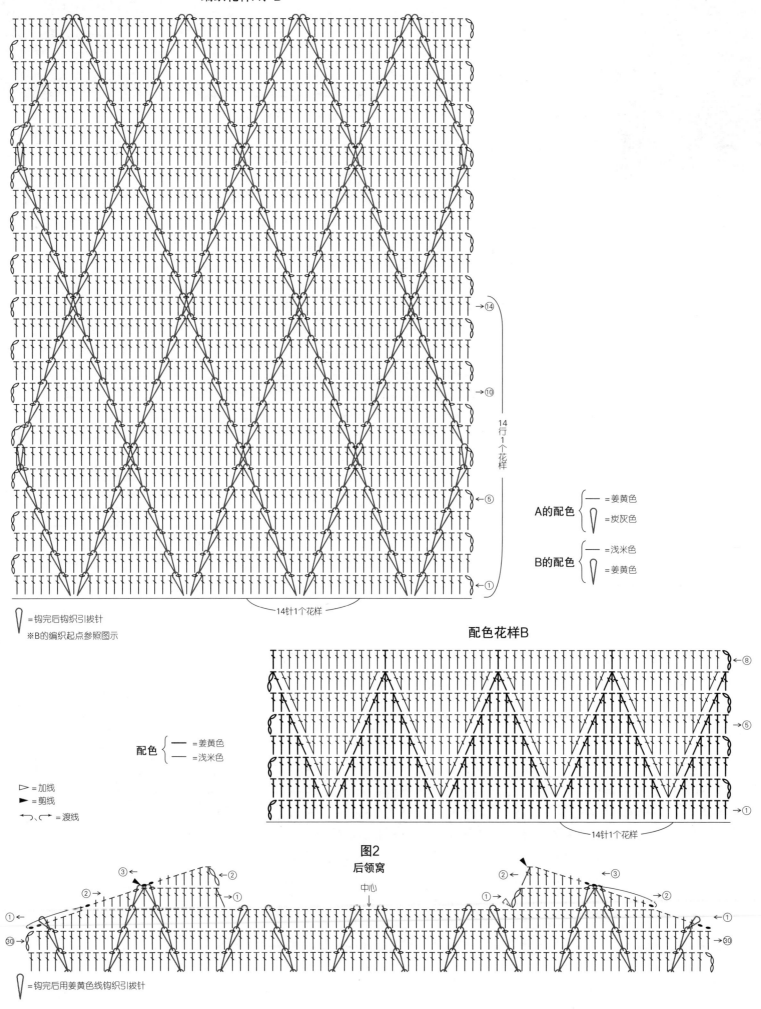

14行1个花样

14针1个花样

A的配色 { — =姜黄色 =炭灰色 }

B的配色 { — =浅米色 =姜黄色 }

 =钩完后钩织引拔针

※B的编织起点参照图示

配色花样B

配色 { — =姜黄色 — =浅米色 }

▷ =加线

▶ =剪线

 、 =渡线

14针1个花样

图2
后领窝

中心

 =钩完后用姜黄色线钩织引拔针

168

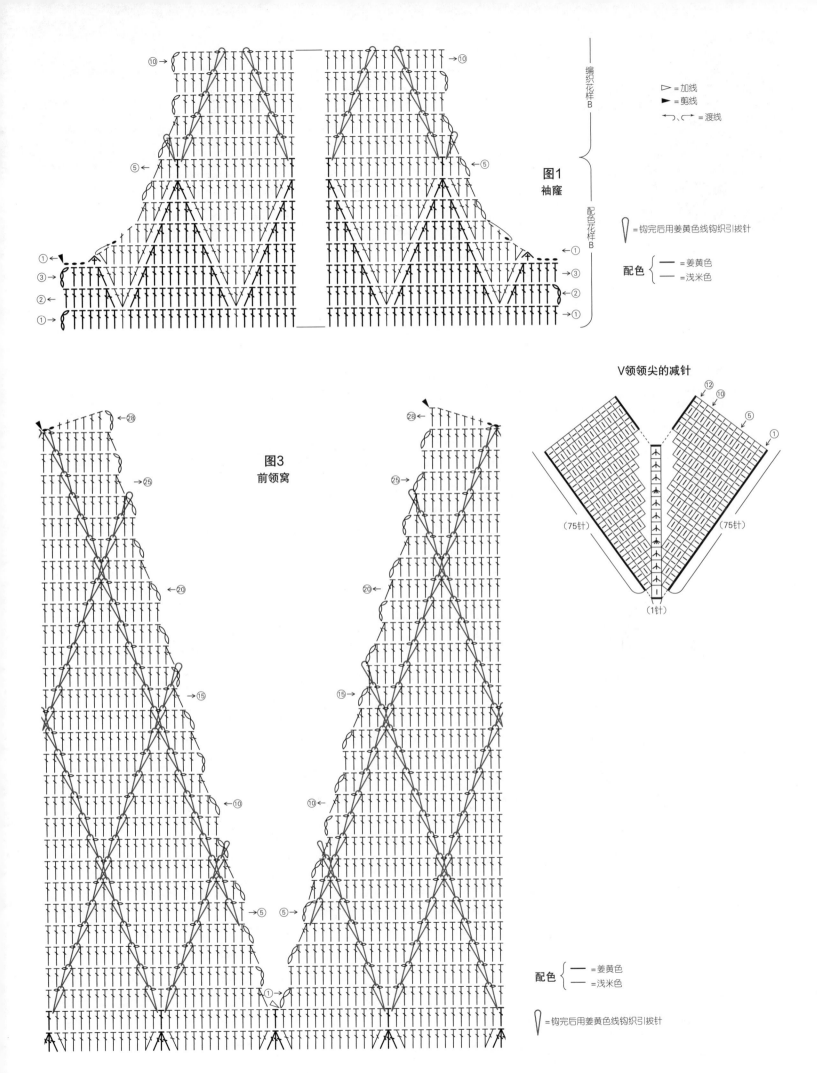

图1
袖隆

编织花样B
配色花样B

▷ =加线
► =剪线
↩、↪ =渡线

=钩完后用姜黄色线钩织引拔针

配色 { — =姜黄色
       — =浅米色

图3
前领窝

V领领尖的减针

(75针)   (75针)
(1针)

配色 { =姜黄色
       =浅米色

=钩完后用姜黄色线钩织引拔针

169

材料

钻石线 Diaepoca、Diacoffret 毛线的色名、色号及用量请参照下表,直径28mm的纽扣3颗

工具

棒针5号、6号、4号

成品尺寸

胸围101cm,衣长47.5cm,连肩袖长62cm

编织密度

10cm×10cm面积内:条纹花样A 23.5针,45行;配色花样23.5针,26.5行

编织要点

●身片、衣袖…另线锁针起针,左后身片、左前身片分别按条纹花样A编织。编织指定行数后,前后连起来按条纹花样B、配色花样、条纹花样A编织。配色花样用横向渡线的方法编织。胁部休针,接着编织左袖。袖口编织单罗纹针,编织终点做单罗纹针收针。右前身片、右后身片、右袖按相同要领编织,在右前身片留出扣眼。

●组合…后身片中心解开起针时的另线做下针无缝缝合。胁部、衣领侧边做下针无缝缝合,袖下做挑针缝合。下摆、衣领边缘编织起伏针,编织终点做伏针收针。前端解开起针时的另线挑针,按条纹花样B编织。编织终点从反面做伏针收针,然后在反面做斜针缝。最后缝上纽扣。

毛线的色名、色号及用量

	色名(色号)	用量
Diaepoca	炭灰色(359)	370g/10团
	黄绿色(364)	105g/3团
	蓝绿色(340)	35g/1团
	紫色(385)	30g/1团
Diacoffret	黄绿色系段染(3604)	65g/3团
	浅紫色系段染(3601)	50g/2团

单罗纹针

□=□

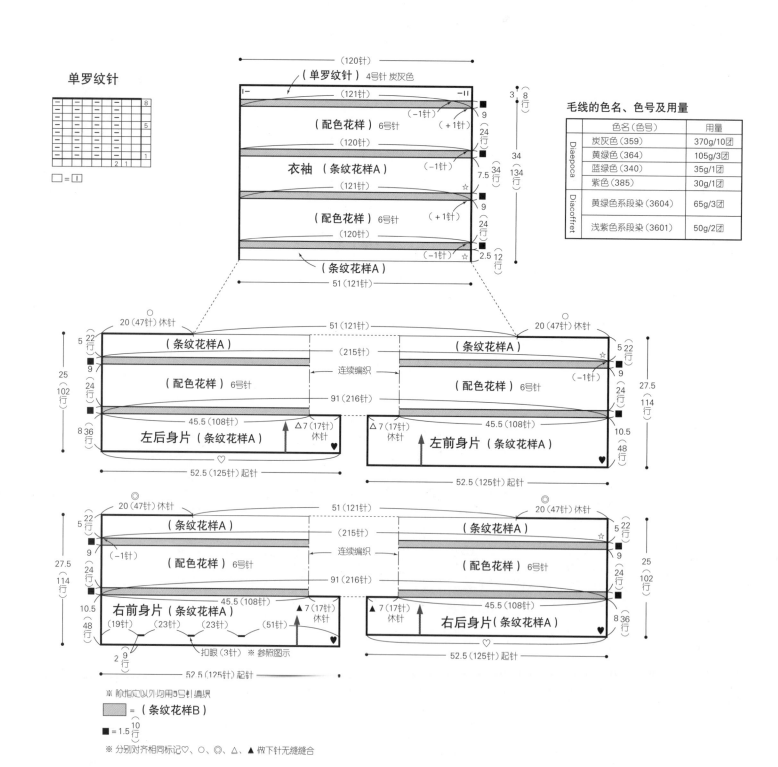

※ 除指定以外均用5号针编织

▨ =(条纹花样B)

■ =1.5 $\frac{10}{行}$

※ 分别对齐相同标记♡、○、◎、△、▲ 做下针无缝缝合

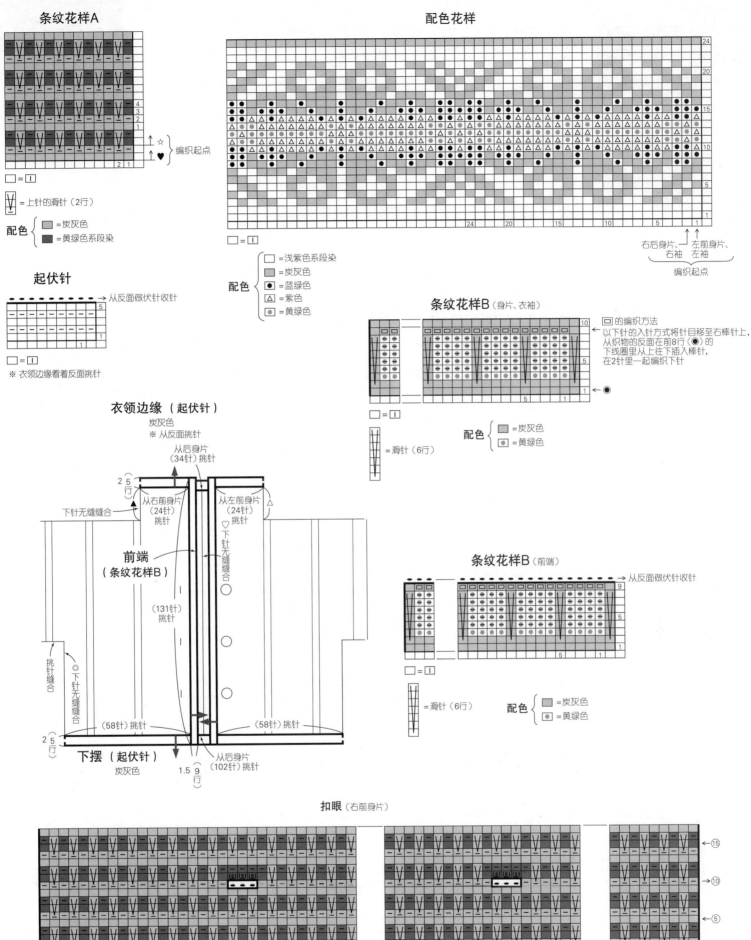

条纹花样A

☆ 编织起点
♥

□ = ①

∨ = 上针的滑针（2行）

配色 { = 炭灰色 / = 黄绿色系段染 }

起伏针

→从反面做伏针收针

□ = ①

※ 衣领边缘看着反面挑针

配色花样

□ = ①

右后身片、右袖
左前身片、左袖
编织起点

配色 {
□ =浅紫色系段染
■ =炭灰色
⊙ =蓝绿色
△ =紫色
◉ =黄绿色
}

衣领边缘（起伏针）

炭灰色
※ 从反面挑针

从后身片（34针）挑针

2 5行

下针无缝缝合

从右前身片（24针）挑针
从左前身片（24针）挑针

前端（条纹花样B）

挑针缝合

下针无缝缝合

（131针）挑针

下针无缝缝合

（58针）挑针
（58针）挑针

2 5行

下摆（起伏针）
炭灰色

1.5 9行

从后身片（102针）挑针

条纹花样B（身片、衣袖）

□ 的编织方法
以下针的入针方式将针目移至右棒针上，从织物的反面在前8行（◉）的下线圈里从上往下插入棒针，在2针里一起编织下针

□ = ①

= 滑针（6行）

配色 { = 炭灰色 / ◉ = 黄绿色 }

← ◉

条纹花样B（前端）

→从反面做伏针收针

□ = ①

= 滑针（6行）

配色 { = 炭灰色 / ◉ = 黄绿色 }

扣眼（右前身片）

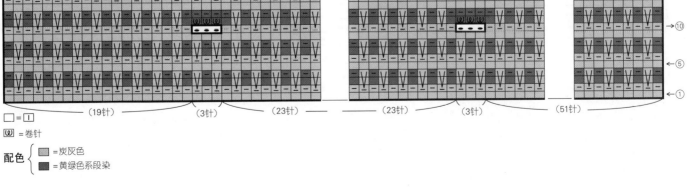

□ = ①

ⓌⓌ = 卷针

（19针）（3针）（23针）（23针）（3针）（51针）

配色 { = 炭灰色 / = 黄绿色系段染 }

材料
手织屋 Moke Wool B 浅绿色(18) 505g,
绿色(17) 155g;直径23mm的纽扣 7颗

工具
棒针8号、6号

成品尺寸
胸围117cm,衣长67.5cm,连肩袖长78.5cm

编织密度
10cm×10cm面积内:下针编织17针,
25.5行;编织花样20针,24行;条纹花样
17针,35行

编织要点
●育克、身片、衣袖…育克另线锁针起针,按
编织花样和条纹花样编织。参照图示分散
加针。在后身片编织前后差,接着将前、后

身片连起来做下针编织、起伏针、扭针的单
罗纹针,注意起伏针的第1行重叠预先编织
好的口袋从休针处一起挑针。编织终点做扭
针的单罗纹针收针。衣袖从育克和身片挑针,
环形编织下针、条纹花样、起伏针、扭针的
单罗纹针。袖下参照图示减针。编织终点与
下摆一样收针。

●组合…前门襟挑取指定数量的针目,编织
扭针的单罗纹针。在右前门襟留出扣眼。编
织终点一边编织与前一行相同的针法一边做
伏针收针。衣领解开起针时的另线挑针,一
边分散减针一边编织起伏针和扭针的单罗
纹针。编织终点与下摆一样收针。口袋侧边
与身片做挑针缝合。最后缝上纽扣。

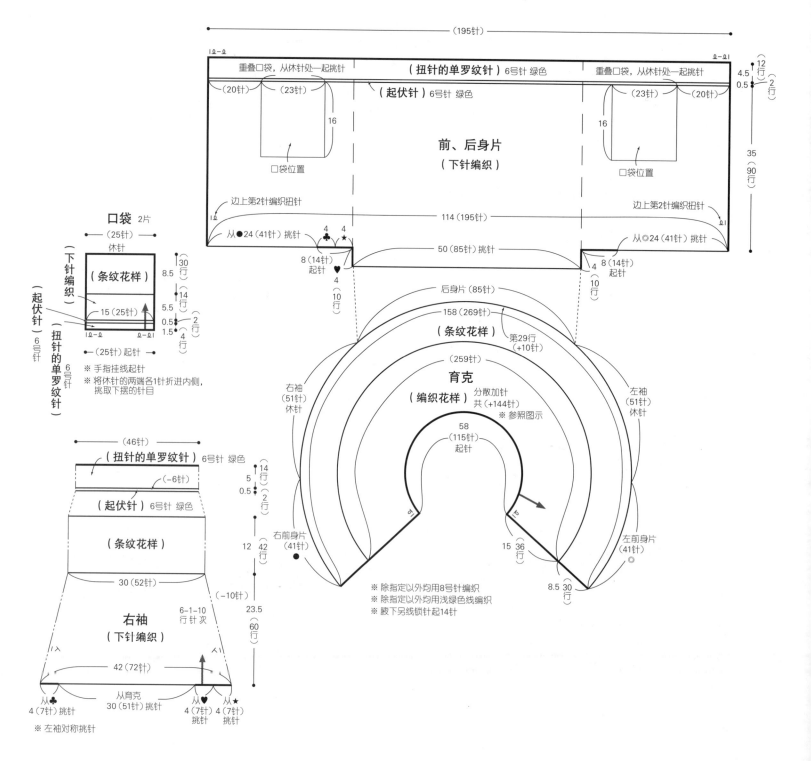

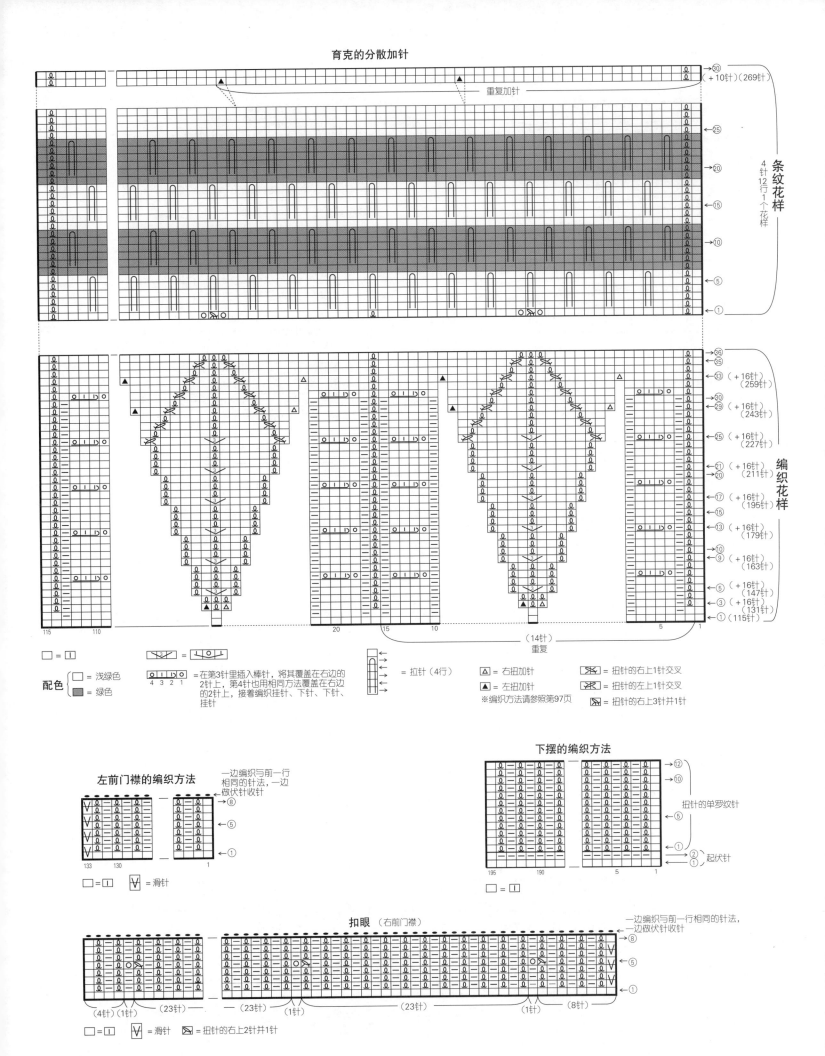

育克的分散加针

条纹花样
4针12行1个花样

编织花样

※编织方法请参照第97页

配色　□=浅绿色　■=绿色

□=回

= 在第3针里插入棒针，将其覆盖在右边的2针上，第4针也用相同方法覆盖在右边的2针上，接着编织挂针、下针、下针、挂针

= 拉针（4行）

△=右扭加针
▲=左扭加针

= 扭针的右上1针交叉
= 扭针的左上1针交叉
= 扭针的右上3针并1针

左前门襟的编织方法

一边编织与前一行相同的针法，一边做伏针收针

□=回　V=滑针

下摆的编织方法

扭针的单罗纹针

起伏针

□=回

扣眼（右前门襟）

一边编织与前一行相同的针法，一边做伏针收针

（4针）（1针）（23针）　（23针）（1针）　（23针）　（1针）（8针）

□=回　V=滑针　= 扭针的右上2针并1针

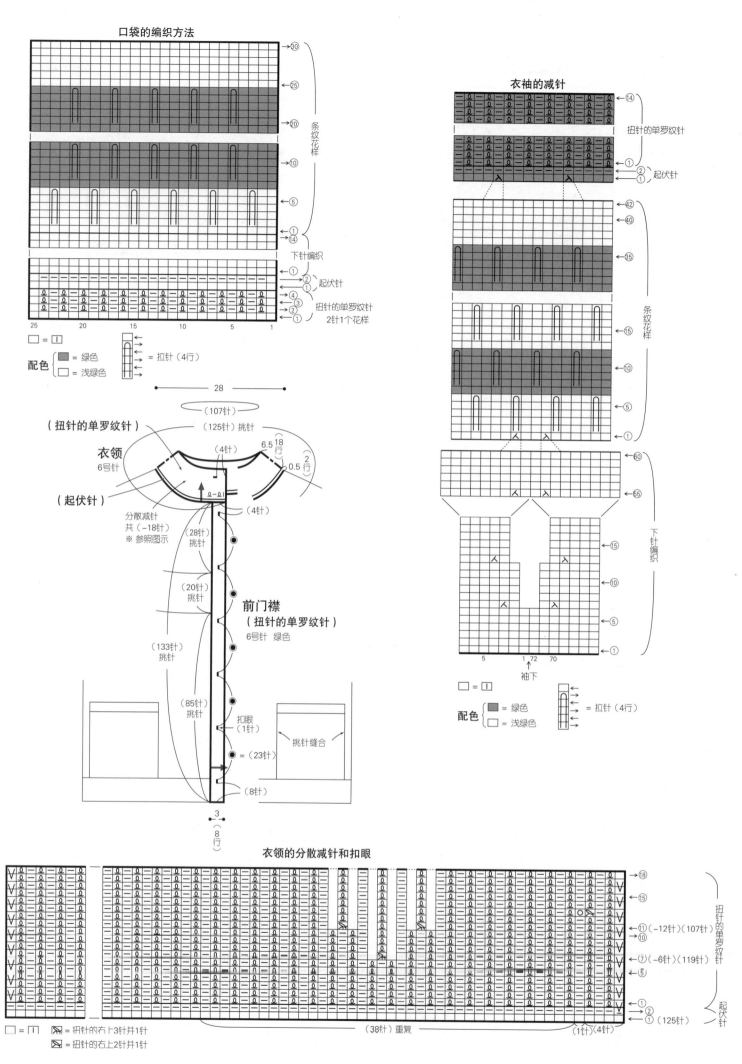

口袋的编织方法

衣袖的减针

扭针的单罗纹针

起伏针

条纹花样

下针编织

起伏针

扭针的单罗纹针
2针1个花样

□ = 囗

配色 ■ = 绿色
　　 □ = 浅绿色

= 拉针（4行）

28

（107针）
（125针）挑针
（扭针的单罗纹针）

衣领
6号针

（起伏针）

6.5 18行
2 0.5行

（4针）

分散减针
共（-18针）
※ 参照图示

（28针）挑针

（20针）挑针

前门襟
（扭针的单罗纹针）
6号针　绿色

（133针）挑针

（85针）挑针

扣眼
（1针）

挑针缝合

= （23针）

（8针）

3
（8行）

袖下

□ = 囗

配色 ■ = 绿色
　　 □ = 浅绿色

= 拉针（4行）

衣领的分散减针和扣眼

扭针的单罗纹针

（-12针）（107针）

（-6针）（119针）

起伏针

（38针）重复

（1针）（4针）

（125针）

□ = 囗　　 = 扭针的右上3针并1针

= 扭针的右上2针并1针

174

材料
K's K AIRY RACCOON 浅棕色（2）345g/7团，CAPPELLINI 粉红色（975）15g/1团、藏青色（985）10g/1团；直径14mm的子母扣 1组；花艺铁丝（#26）12cm5根；浅棕色手缝线

工具
棒针12号，钩针3/0号

成品尺寸
胸围104cm，衣长50cm，连肩袖长54.5cm

编织密度
10cm×10cm面积内：编织花样11针，18.5行

编织要点
●身片、衣袖…身片另线锁针起针，按起伏针和编织花样编织。加针在1针内侧做扭针加针。前领窝参照图示减针。从前门襟接着编织后领和饰带。下摆解开起针时的另线，从反面做伏针收针。肩部做盖针接合。衣袖从身片挑针，按编织花样和起伏针编织。编织终点从反面做伏针收针。

●组合…胁部、袖下做挑针缝合。后领与身片做针与行的接合。钩织细绳、饰带末端的花饰、立体小花，参照组合方法缝在身片上。最后缝上子母扣。

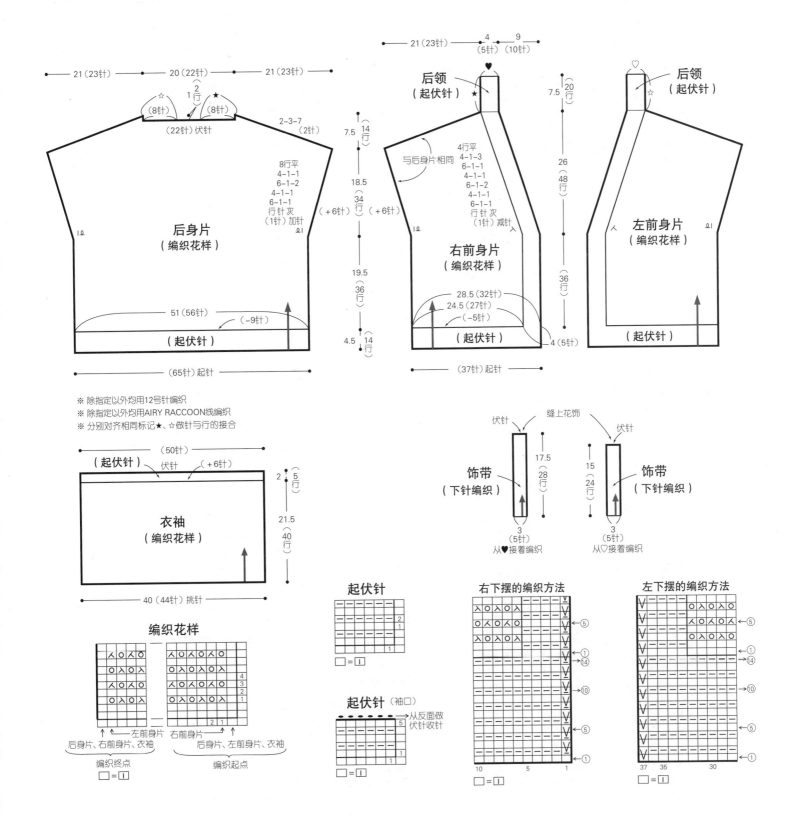

斜肩和后领窝的编织方法

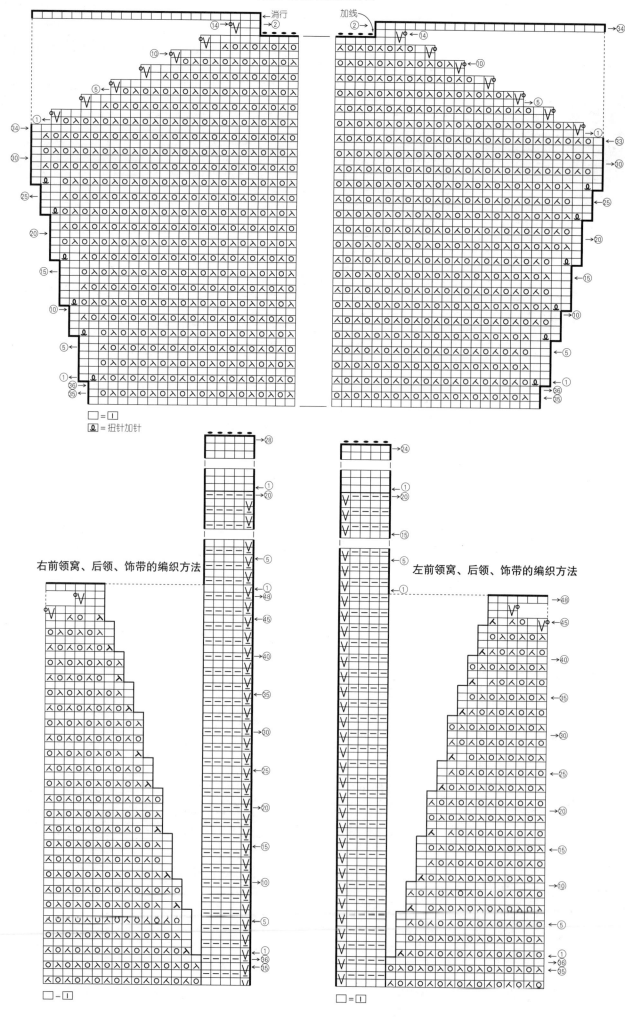

消行

加线

□ = □
ℚ = 扭针加针

右前领窝、后领、饰带的编织方法

左前领窝、后领、饰带的编织方法

□ - □

□ = □

饰带末端的花饰 3/0号针

花蕾 2个 粉红色

留出长一点的线头剪断

叶子A 2片 藏青色

← ①

└ 2.5 ┘

花饰的组合方法

饰带

将饰带末端塞入花蕾中缝合收紧，再缝上叶子A

叶子A

花蕾

2

► = 剪线

后领的组合方法

针与行的接合

将饰带交叉，在内侧缝合固定

立体小花 3/0号针

叶子B 10片 藏青色

根部

叶尖

②

①

└─── 5.5 ───┘

2.5

花瓣 5片 粉红色

外侧

← ㉙

← ㉕

← ⑳

← ⑮

← ⑩

← ⑤

← ①

内侧

花茎侧

花瓣上端

花瓣侧

※从内侧向外侧一圈圈卷起来

└ 3 ┘

花茎 5根 藏青色

← ①

铁丝

编织线

└───── 5(15针) ─────┘

※包住弯折的铁丝以及3根线钩织

立体小花的组合方法

花瓣

将花瓣和叶子B缝在花茎上

7

叶子B

花茎

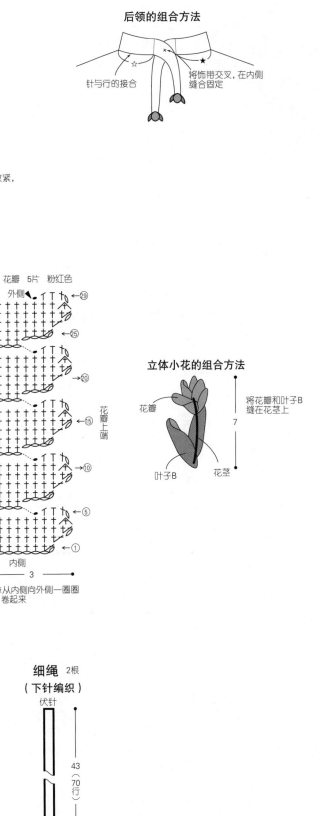

组合方法

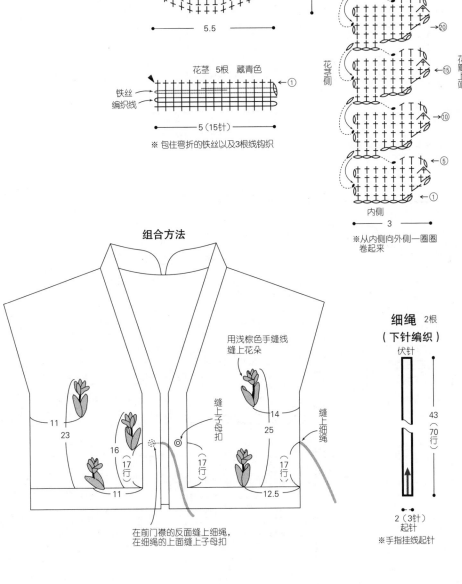

用浅棕色手缝线缝上花朵

缝上子母扣

11

23

16

11

14

25

12.5

（17行）

（17行）

（17行）

缝上细绳

在前门襟的反面缝上细绳，在细绳的上面缝上子母扣

细绳 2根
（下针编织）

伏针

43
（70行）

2（3针）
起针

※手指挂线起针

材料

K's K AIRY RACCOON 土黄色(3) 330g/7团

工具

棒针13号、11号

成品尺寸

胸围100cm，衣长49cm，连肩袖长33cm

编织密度

10cm×10cm面积内：桂花针13针，20行；

编织花样C 18针，20行

编织花样A的1个花样9针5cm，20行10cm

编织要点

●身片…另线锁针起针，后身片按桂花针和编织花样A、B编织，前身片按桂花针和编

织花样A、B、C编织。后身片分成左右两部分编织，编织指定行数后再将左右连起来编织。参照图示加针。减2针及以上时做伏针减针，减1针时立起侧边1针减针。

●组合…肩部做盖针接合，胁部做挑针缝合。下摆解开起针时的另线挑针，编织扭针的单罗纹针。编织终点做单罗纹针收针。后开口边缘、衣领、袖口分别挑取指定数量的针目，编织扭针的单罗纹针。编织终点与下摆一样收针。襻带手指挂线起针后编织扭针的单罗纹针，编织终点与下摆一样收针，然后缝在指定位置。

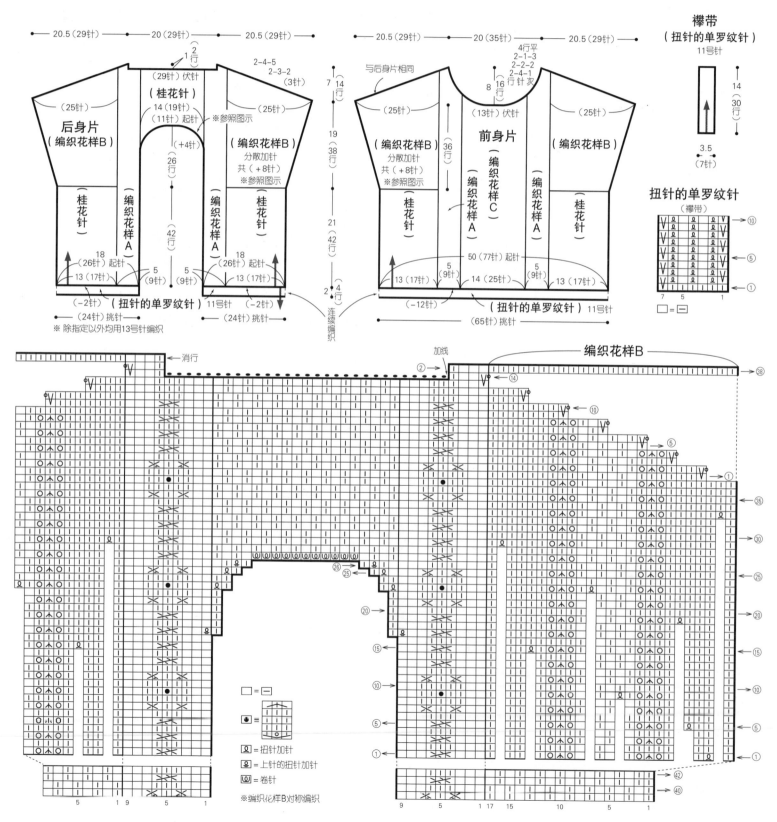

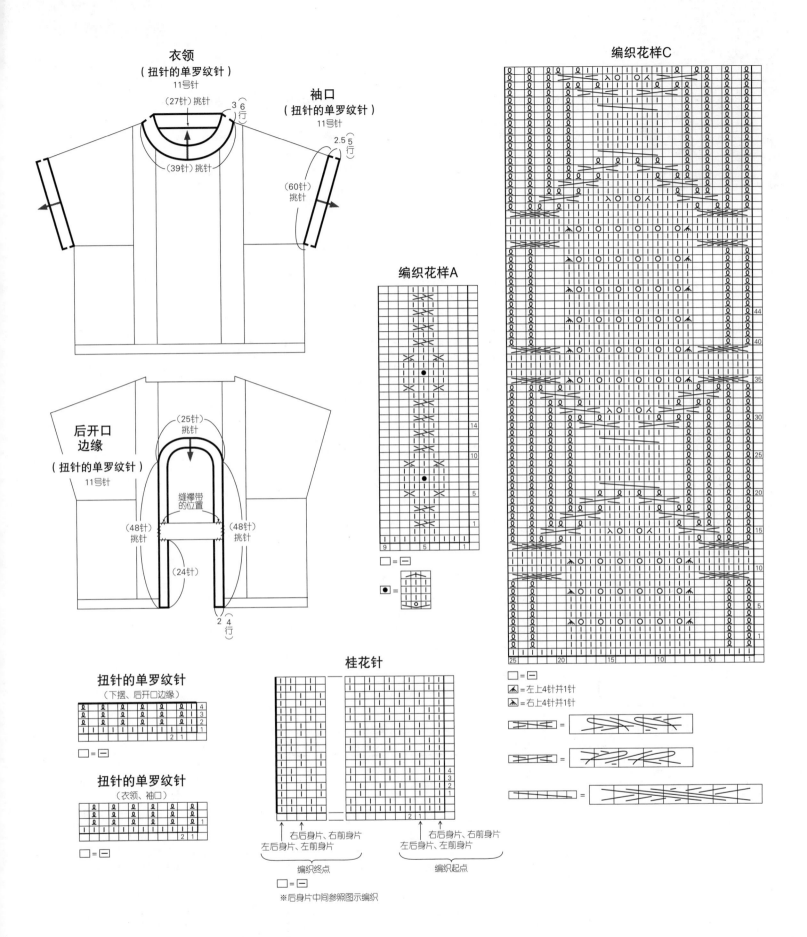

衣领
（扭针的单罗纹针）
11号针

（27针）挑针　3（6行）

袖口
（扭针的单罗纹针）
11号针

2.5（5行）

（39针）挑针

（60针）挑针

后开口
边缘
（扭针的单罗纹针）
11号针

（25针）挑针

缝襻带
的位置

（48针）挑针　（48针）挑针

（24针）

2（4行）

编织花样A

□ = □

● =

扭针的单罗纹针
（下摆、后开口边缘）

□ = □

扭针的单罗纹针
（衣领、袖口）

□ = □

桂花针

右后身片、右前身片

左后身片、左前身片

编织终点

右后身片、右前身片

左后身片、左前身片

编织起点

□ = □

※后身片中间参照图示编织

编织花样C

□ = □

= 左上4针并1针

= 右上4针并1针

=

=

=

179

材料
钻石线 Diatartan 深绿色(3408)365g/11团

工具
棒针7号、5号

成品尺寸
胸围108cm，衣长52.5cm，连肩袖长42.5cm

编织密度
10cm×10cm面积内：编织花样B 31.5针，32行；编织花样C 26.5针，31.5行
编织花样A、A'均为1个花样11针3.5cm，32行10cm

编织要点
●身片、衣袖…前、后身片另线锁针起针，按编织花样A、B、A'编织。领窝减2针及以上时做伏针减针，减1针时立起侧边1针减针。肩部做盖针接合。从指定位置挑针，按编织花样C和双罗纹针连续编织胁部和衣袖。参照图示减针，编织终点做双罗纹针收针。
●组合…下摆从胁部以及解开的起针锁针上挑针，编织双罗纹针。编织终点与袖口一样收针。胁部做盖针接合，袖下做挑针缝合。衣领挑取指定数量的针目后环形编织双罗纹针，编织终点与袖口一样收针。

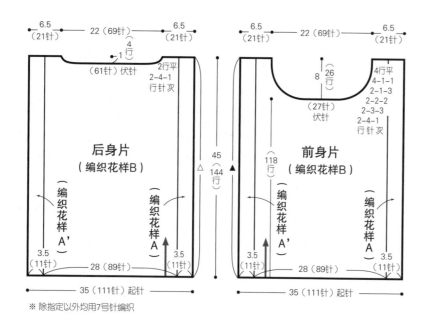

双罗纹针

□ = 回
Ⓦ = 卷针

下摆
袖口、衣领
编织起点

※除指定以外均用7号针编织

前领窝的编织方法

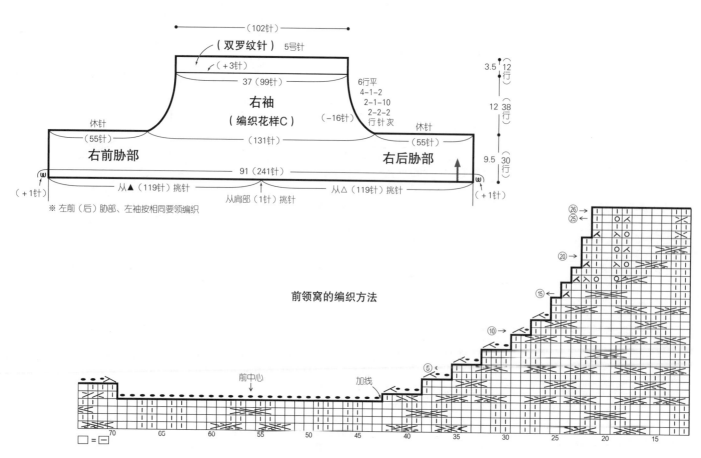

□ = 回

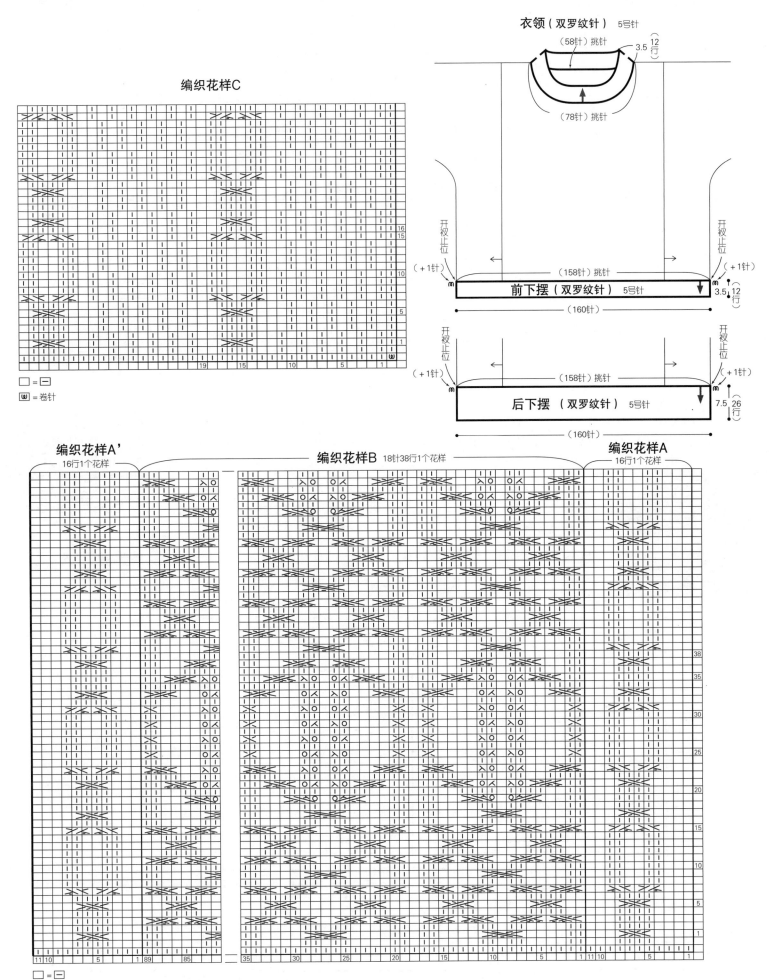

编织花样C

衣领（双罗纹针） 5号针

（58针）挑针
3.5 12行

（78针）挑针

□ = −
ⓌⒾ = 卷针

开衩止位
开衩止位
（+1针）
（158针）挑针
（+1针）
前下摆（双罗纹针） 5号针 3.5 12行
（160针）

开衩止位
开衩止位
（+1针）
（158针）挑针
（+1针）
后下摆 （双罗纹针） 5号针 7.5 26行
（160针）

编织花样A'
16行1个花样

编织花样B 18针38行1个花样

编织花样A
16行1个花样

□ = −

= 将针目1、2移至麻花针上放在织物的后面，在针目3、4里分别编织下针，在针目1、2编织左上2针并1针，接着挂针

= 将针目1、2移至麻花针上放在织物的前面，接着挂针，在针目3、4里编织右上2针并1针，在针目1、2里分别编织下针

= 右上2针交叉（中间有1针上针）

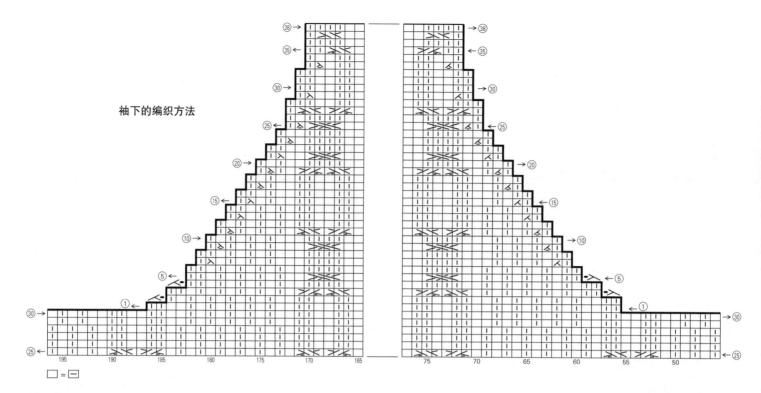

袖下的编织方法

材料
Rich More Scheherazade 黑色、橘红色和绿色系段染（8）140g/3 团,Stame 黑色（19）60g/2 团

工具
编织机 Amimumemo（6.5mm）

成品尺寸
胸围112cm，衣长50cm，连肩袖长31cm

编织密度
10cm×10cm面积内：下针编织13.5针，19行

编织要点
●身片…单罗纹针起针后开始做单罗纹针和下针编织。领窝减2针及以上时做引返编织，减1针时做2针并1针。肩部做引返编织。引返编织的方法请参照第78页。
●组合…衣领、袖口的起针方法与身片相同，编织单罗纹针。先将右肩做机器缝合，接着衣领与身片之间做机器缝合，然后左肩也做机器缝合。再将袖口与身片做机器缝合。胁部、袖口下端、衣领侧边做挑针缝合。

77页的作品 ★★★

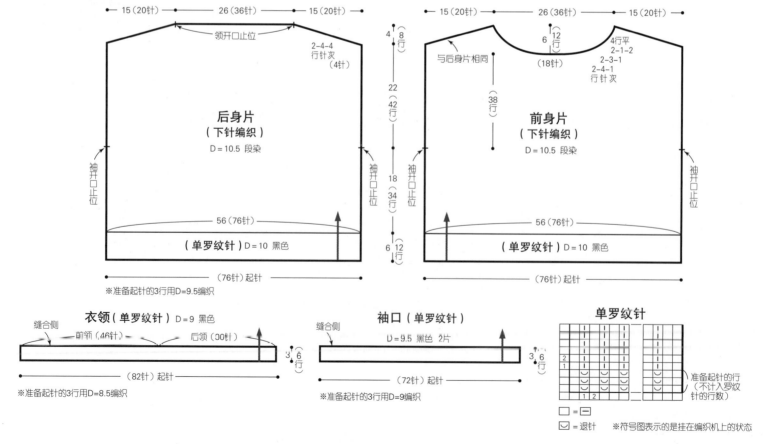

材料
钻石线 Tasmanian Merino 原白色(702)
300g/8团，Diaravenna 紫色系混染(1507)
50g/2团
工具
编织机 Amimumemo(6.5mm)，钩针3/0
号
成品尺寸
胸围94cm，衣长54cm，连肩袖长65cm
编织密度
10cm×10cm面积内：下针编织23.5针，
30行(D=6)；上针编织20.5针，27行

编织要点
●身片、衣袖、胁部…身片另色线起针后开始编织。下摆做12行下针编织后，将编织起点侧的针目挂到机针上折成双层，接着做下针编织。领窝减2针及以上时做引返编织，减1针时做2针并1针。肩部做引返编织。引返编织的方法请参照第78页。衣袖做1针退针的起针后，开始做边缘编织A和下针编织。在袖下加针。胁部一边引返一边做上针编织。胁部的下摆做边缘编织B整理形状。
●组合…衣领另色线起针后做下针编织。先将右肩做机器缝合，接着衣领与身片之间做机器缝合，然后左肩也做机器缝合。再将胁部、衣袖与身片之间做机器缝合，注意胁部的下摆与身片做卷针缝。袖下、腋下做挑针缝合。

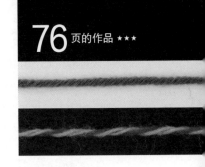

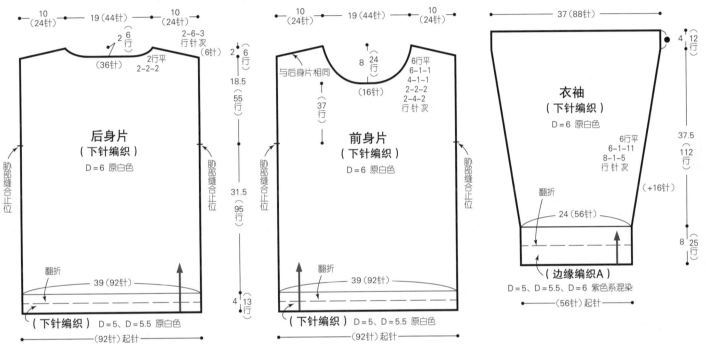

下摆的编织方法
用D=5编织6行，接着用D=5.5编织6行，
再将编织起点侧的针目挂到机针上编织1行

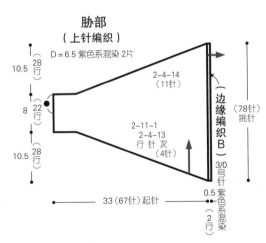

边缘编织B
※第2行的引拔针
在第1行短针头部的后面
1根线里挑针钩织

边缘编织A

□ = ⊟
⌣ = 退针

※符号图表示的是挂在编织机上的状态

边缘编织A的编织方法
①做1针退针的另色线起针后，
用D=5编织6行
②将空针推出至B位置，
所有针目用D=5编织6行，接着用D=5.5编织12行
③将编织起点侧的针目每隔1针挂到机针上，
再用D=6编织1行

衣领（下针编织） D=5.5 原白色

组合方法

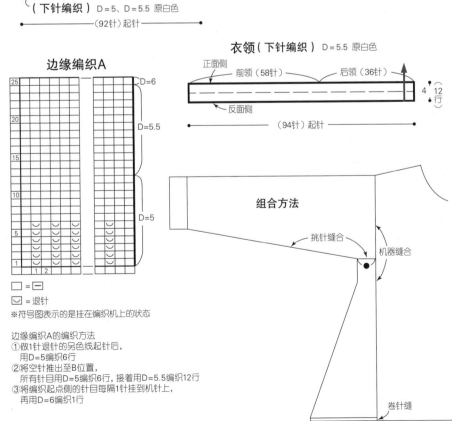

挑针缝合
机器缝合
卷针缝

KEITO DAMA 2023 AUTUMN ISSUE Vol.199（NV11739）

Copyright © NIHON VOGUE-SHA 2023 All rights reserved.

Photographers: Shigeki Nakashima, Hironori Handa, Toshikatsu Watanabe, Bunsaku Nakagawa, Noriaki Moriya

Original Japanese edition published in Japan by NIHON VOGUE Corp.

Simplified Chinese translation rights arranged with BEIJING Vogue Dacheng Craft Co., Ltd.

备案号：豫著许可备字-2023-A-0063

图书在版编目（CIP）数据

毛线球. 47, 静美与绚烂交织的秋韵毛衫 / 日本宝库社编著；蒋幼幼，如鱼得水译. —郑州：河南科学技术出版社，2023.12（2024.4重印）

ISBN 978-7-5725-1384-8

Ⅰ.①毛… Ⅱ.①日… ②蒋… ③如… Ⅲ.①绒线-手工编织-图解 Ⅳ.①TS935.52-64

中国国家版本馆CIP数据核字（2023）第242236号

出版发行：河南科学技术出版社
　　　　　地址：郑州市郑东新区祥盛街27号　　邮编：450016
　　　　　电话：（0371）65737028　　65788613
　　　　　网址：www.hnstp.cn
策划编辑：仝广娜
责任编辑：梁　娟
责任校对：王晓红　刘逸群
封面设计：张　伟
责任印制：徐海东
印　　刷：北京盛通印刷股份有限公司
经　　销：全国新华书店
开　　本：635 mm×965 mm　1/8　印张：23　字数：366千字
版　　次：2023年12月第1版　2024年4月第2次印刷
定　　价：69.00元

如发现印、装质量问题，影响阅读，请与出版社联系并调换。